人生相逢即是缘

星云大师谈处世之道

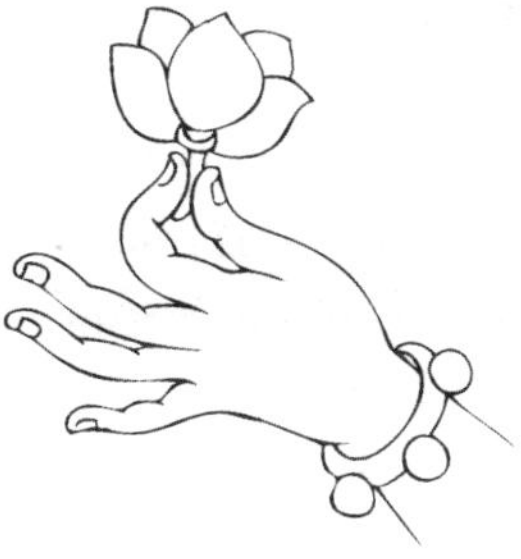

星云大师 著

中国工人出版社

图书在版编目（CIP）数据

人生相逢即是缘：星云大师谈处世之道 / 星云大师著.—北京：中国工人出版社，2017.8

ISBN 978-7-5008-6741-8

Ⅰ.①人… Ⅱ.①星… Ⅲ.①人生哲学—通俗读物 Ⅳ.①B821-49

中国版本图书馆CIP数据核字（2017）第140990号

人生相逢即是缘：星云大师谈处世之道

出版人	芮宗金
责任编辑	葛忠雨　刘广涛
责任校对	董春娜
责任印制	黄　丽
出版发行	中国工人出版社
地址	北京市东城区鼓楼外大街45号 邮编：100120
网址	http://www.wp-china.com
电话	（010）62005043（总编室） （010）62005039（出版物流部） （010）62379038（社科文艺分社）
发行热线	（010）62005049　（010）62005042（传真）
经销	各地书店
印刷	三河市东方印刷有限公司
开本	880毫米×1230毫米　1/32
印张	6.5
字数	115千字
版次	2017年8月第1版　2020年8月第3次印刷
定价	38.00元

目录

民之所欲，常在吾心

1

一般人谈到政治，每每将之与权术、谋略、党派、斗争画上等号，因此强调和合无诤的佛教徒往往避谈政治，甚至在社会人士高唱“宗教的归宗教，政治的归政治”口号之下，更以远离政治为无求之德。实际上，佛教教义与僧侣行仪可以影响帝王的政治理念，建立祥和社会；帝王的权势则能帮助佛教普遍弘传，净化世道人心。佛陀在《仁王护国般若波罗蜜多经》中，将护法之责交付国王，以收“上行下效，风行草偃”之功。

——《佛光教科书·实用佛教·佛教的政治观》

2

佛教理想中的国家政治应该具备以下四点：

（1）民主道德的政治：佛教认为民主宪政国家的实现，以道德为前提，这是国家政治的最终目的。

（2）祥和互敬的社会：佛教认为社会大众应该培养随喜赞叹、

包容异己的气度，从平等法性之中体认诸法千差万别的实相，彼此互尊互重、互不侵犯，去除同归于尽、排斥他者的心理，共同创造祥和开明的社会。

（3）取舍合理的经济：僧团注重利和同均的经济生活，希望我们的国家没有经济的垄断、贫富的悬殊、劳资的对立等社会问题，人人得其所应得，建设民有、民享、均足的社会。

（4）乐观勤奋的生活：勤奋精进、乐观进取，事情才能有成。今日我们国家的经济奇迹，就是靠全国人民的勤勉工作才有以致之，唯有持着精进的耙锄，在乐观的田园上撒下希望的种子，才能收获菩提的果实。

——《人间佛教系列·人生与社会·佛教的政治观》

3

政治是人类的一种社会活动，它包含政府治理国家的权力，也包含人民管理政府的权力。“国家兴亡，人人有责”，所以，政治应是全民为国家兴隆、百姓福祉而齐心协力的责任与行为。而且，越是清明的民主国家，就越重视人民的权利和权力，人权也更能伸展和受到重视。

——《普门学报·佛教对“政治人权”的看法》

4

佛教不但有和谐政治的功能，而且还能帮助政治化导边远、消除怨恨、感化顽强，发挥慈悲教化的功效，例如，佛教的五戒，对安邦治国的贡献，正如《传戒正范》云：“夫百家之乡，十人持五戒，则十人淳谨；千室之邑百人修十善，则百人和睦，持此风教以周寰区，编户亿千则仁人百万。夫能行一善，则去一恶；能去一恶，则息一刑；一刑息于家，万刑息于国。其为国王者，则不治而坐致太平矣！”

——《佛光教科书·实用佛教·佛教的政治观》

5

佛陀的政治理想和宗教理想是彼此圆融互利的，他认为唯有依循正法，政治才能达到理想的境地。换句话说，一个理想的政府，必须在国家、法律的秩序上，加上宗教、道德的规范，才能发挥“仁王政治”的理想。

——《普门学报·佛教对“政治人权”的看法》

6

佛教对国家政治的影响与贡献，历代均有记载，如帮助生产、开发交通、保护生态、利济行旅、文化建设、安住军民、兴办教育、医疗救济、财务运转、科技文学等。

——《佛光教科书·实用佛教·佛教的政治观》

7

政治需要佛教的辅助教化，佛教也需要政治的护持弘传，因此，历代以来，佛教非但未曾与政治分离，而且一直保持良好的关系，例如，佛陀成道后，游化诸国，经常出入王宫说法，开示仁王的治国之道。许多印度大国的君王，如频婆娑罗王、阿阇世王、波斯匿王、优填王等，他们受到佛陀的感化而皈依佛教，进而成为佛教的护法，并且将佛法的真理应用在治国安邦上，健全社会，造福百姓。佛陀涅槃之后，仍有许多国王，如阿育王、迦腻色迦王、戒日王、弥兰陀王等，他们遵循佛陀教法，以法治国，建立清明政治，写下印度史上辉煌的一页。

——《佛光教科书·实用佛教·佛教的政治观》

8

政治有护持佛教的力量，佛教也有清明政治的功用。因此，政治勿嫉妒佛教、勿舍本逐末，不能只奖励慈善，应该多奖励从事净化人心、改善社会风气者。而佛教对于社会的关怀、人权的维护、民众的福祉，自是不能置身事外。因此，佛教徒不能以远离政治为清高。所谓“问政不干治”，个人虽可以不热衷名位权势，但不能放弃关怀社会、服务众生的责任。

——《佛光教科书·实用佛教·佛教的政治观》

9

有时候政治力量达不到的地方，佛教可以弥补不足，发挥它的功效。佛教的慈悲无远弗届，能够将蛮横未开的边疆，教化成开朗有礼的中土；佛教的忍辱无坚不摧，能够将世代的仇衅消弭于无形；佛教的感恩无愿不遂，能够填补欲望的沟壑；佛教的智慧无事不成，能够感化顽强为驯良。

——《普门学报·人间佛教的蓝图》

10

对于世间的“名位”，所谓“上台下台”，越能放下，才能越自在；越是计较，就越沉重阴霾。所以，凡是容易下台的人，就越有机会上台，因为有“能上能下”的美德，就能不断更换位子，自然位子会更多。相反地，对于只能上、不能下的人，每次到了要下台的时候，态度不好、言语不逊，那么以后想要再上台，就比较艰难了。

——《普门学报·我对“世代交替”的看法》

11

佛教与政治的关联比较：

（1）政治是管理众人，维护社会的团体；佛教是教化众生，净化社会的力量。

（2）政治希望人人能够安和乐利的生活；佛教要求人人能够慈悲喜舍地做人。

（3）政治是怒目金刚，要求人人守分守法；佛教是低眉菩萨，要求人人自律观照。

李萧锟 绘

星云语录

对于世间的『名位』，所谓『上台下台』，越能放下，才能越自在；越是计较，就越沉重阴霾。所以，凡是容易下台的人，就越有机会上台，因为有『能上能下』的美德，就能不断更换位子，自然位子会更多。

（4）政治是护法降魔，保卫国家；佛教是护生救苦，拥护国家。

（5）政治重视才干机变，以力服人；佛教重视戒律因果，以德服人。

（6）政治是权法，因时、因地、因人而制宜；佛教是实法，因教、因法、因理而肯定。

（7）政治是曲线的，曲而求远，人人平等；佛教是直线的，直指人心，见性成佛。

（8）政治重视实效通行，即日成办；佛教重视远益利济，普度未来。

（9）政治的大同世界，是理想目标；佛教的净土极乐，是如愿往生。

（10）政治以财力、军力治理国家；佛教以德力、法力辅助国家。

（11）政治从外做起，要求人民修身守法；佛教从内做起，要求人民修心守道。

（12）政治要求人人奉行三纲五常、四维八德，以齐家治国；佛教要求人人实践皈依“三宝”、五戒六度，以自度度人。

——《普门学报·人间佛教的蓝图》

12

所谓“承先启后”，在国家而言，对于唐尧、虞舜、文武、周公、孔孟的政治理念、道德根本，要真的能够接受；对于“路不拾遗、夜不闭户；人民亲其亲、幼其幼”如此祥和美好的政治蓝图，要能够继承流传，谓之承先。说到启后，要能把“科技的发达，医学的昌明，社会的保险制度，邻里的守望相助；官不扰民，没有刀枪战事，一片和平安乐”等种种的和平安定，传之于后世，才谓之启后。

——《迷悟之间·承先启后》

13

“世代交替”是世间发展的自然规律，如同老干修剪，长出新枝，才有盎然的新趣。同样地，国家的政治领袖或民间团体的负责人，如果也能“世代交替”，学习古代的“禅让”，就不会分裂、斗争，并让事业和平、兴盛地永续下去。

——《普门学报·佛教对“政治人权”的看法》

14

佛陀认为一国的兴衰与君主的道德有关：“君主贤能德政，则国运必昌，人民幸福；君主失德，则国运必堕，人民痛苦。”因此，佛陀为帝王定下应守的德目，如清廉宽容，能接受群臣的谏言；肯布施，能与人民共甘苦；租税必依法征收；勤政爱民，谨持威严；审判必依法律，无私曲于其间；与群臣和睦，不与彼等竞争；等等。

——《普门学报·佛教对“政治人权”的看法》

15

除了国家最高领导者应具备慈悲、能力、公正、守法等条件以外，在《增一阿含·细禁品》里，佛陀也举出执行政令的官员必须具有：不贪污、不暴怒、不诿过、不怪僻、不悭吝、不犯法、不磨人、不重税、不嗜酒、不好色、不自私等内涵品德，才能行法不悖，利益众生。

——《普门学报·佛教对“政治人权”的看法》

16

从政者应知自己是公仆，不要官僚；从事教育者，要知道身教重于言教；医护人员要“视病如亲”；工人要“除私从公”；商人要“童叟无欺”……如果整个社会民众都能公而忘私、讲信修诚、惭愧感恩，相互爱语赞叹，彼此有情有义，则必能促进社会的和谐，增加国家的动力。

——《普门学报·我们未来努力的方向》

17

执政公务员食民之禄，奉公守法、勤勉清廉，不为利诱、不为势劫，建立个人清净的操守，以高尚的品德和行为影响广大群众，为民谋福。公务员立身行事的准则有：执法如秤、守身如玉、爱民如子、去贿如仇。

——《星云法语·执政者四如》

18

自古以来，国家的政治领袖，如果爱民如子，社会安和乐利，人们就说这是位仁君，是实行“王道”；否则就是专制政权，即“霸道”。怎样的政治才是王道呢：

（1）以道德法律服人：道德是国家的根本，没有道德，社会就没有规范，所以为政者要倡导道德。道德不够，辅之以法律，法治的社会，必定是公平公正的。

（2）以慈悲仁政领导：一个领导人必定要能做全民的模范，所谓“修身、齐家、治国、平天下”，修心养性，才能家齐国治，才能领导天下。

（3）以民主民有议事：现在自由民主的国家社会，讲究“全民参与”，人民的事情要让人民自己决定，所以要民主议事。

（4）以民心归向为尚：所谓“得民心者昌，失民心者亡”，得到国家，未获民心，国家也不能长治久安；得到民心的拥护，才算是真正得到国家的领导权。所以，“民之所欲，常在吾心”，人民的希望、人民的要求，是主政者施政的依据与目标。

（5）以团结和谐为重：一个国家里，一定有很多不同职业、不同信仰、不同种族、不同思想的人。很多的不同不要紧，但在“一个国家”的信念之下，大家必须团结，才能共荣共存。

（6）以教育共生为主：一个国家的强大，不在于土地幅员辽阔，也不是靠人口众多，而是重在人才的培养。此外，人才要互相尊重、推崇，大家公忠体国，人人都能识大体、为大众。你上

李萧锟　绘

星云语录

从政者应知自己是公仆，不要官僚；从事教育者，要知道身教重于言教；医护人员要『视病如亲』；工人要『除私从公』；商人要『童叟无欺』……如果整个社会民众都能公而忘私、讲信修诚、惭愧感恩，相互爱语赞叹，彼此有情有义，则必能促进社会的和谐，增加国家的动力。

台，我拥护你；我上台，你拥护我。所有官员都能把自己当成人民的公仆，都有为人民服务的心，有为国家社会奉献的精神，则所谓“王道”之世，必然指日可期也。

——《星云法语·王道》

19

真正的民主要顺应民众的心声，提供一个安全、安定、快乐的生活环境才是最重要的。因此，在讲求民主自由时，应将民众放在第一位，要有民意才能长治久安，要有民声才能防微杜渐，要有民望才能推展政事，要有民情才能了解疾苦。

——《星云法语·民为贵》

20

今日佛教徒为弘法利生，对政治不应抱持消极回避的态度，相反地，应该更加积极地关心，直下承担。国家也需要广大的佛教徒投入政治行列，以佛教的高超教理来净化人心、改善风气，为社会提供心理建设和精神武装。

——《普门学报·人间佛教的蓝图》

21

宇宙万物皆由众缘和合而成。所谓“缘聚则生，缘散则灭”，推其原理，国家与社会就是由种种因缘关系所组成，由国民共同的力量所建立。明白此理，则爱国的力量自然产生，因为国家社会是由“每一个自己”的需要而构成的，是与个人息息相关，同体共生的。故凡所事事，必然以国家社会的利益为前提。如果国家丧失了主权，则全体人民的福利也就无以寄托了。

——《佛教丛书·教用·佛教与政治》

22

常有人问：佛教徒可以从事政治吗？答案是“可以”。因为从佛陀为国王们讲说转轮圣王的理想政治，以及历代国师们以佛法的智慧辅佐帝王治理国家，在在都证明佛教徒可以参政，但不必直接干政的中道思想。佛教徒如果能本着大慈大悲、救苦救难的菩萨精神，从事政治的事业，更能为众服务，利国利民。

——《普门学报·佛教对“政治人权”的看法》

李萧锟　绘

星云语录

一个国家里，一定有很多不同职业、不同信仰、不同种族、不同思想的人。很多的不同不要紧，但在『一个国家』的信念之下，大家必须团结，才能共荣共存。

有钱是福报，会用钱是智慧

1

人类的历史，就是一部经济史，举凡日常的衣、食、住、行、育、乐，没有一项可以离开经济。经济与民生息息相关，一个国家如果不能厚实经济，富国裕民，则仁义道德也难以获得推行。所以，经济可以改变世界，经济也可以改变人生。经济繁荣的地方，其文化、道德必然提升；若无知贫穷，就会衍生出许多的罪恶。所以现代的佛教，应协助政府改良社会风气、净化世道人心，以教化来辅助经济的发展。经济不只是金钱而已，如果扩大财富的内容，诸如我们的智慧、健康、道德、思想、观念、礼貌，甚至我们的平安、技能、明理、善缘、信仰、满足、惭愧、勤劳、节俭、计划、开源、节流、教育等，在在都是有形与无形的经济。遗憾的是，人类只把钱财、物质规范到经济的内容里，没有把道德仁义也看成是经济的价值。

——《星云日记》

2

佛教是个富有、快乐、幸福的宗教。为了推广佛教，为了在人间建设净土，今日佛教应该重视净财、重视安和乐利的生活、重视现代化的设备与弘化方式，如此才不会被时代的潮流所淘汰。

——《佛光教科书·佛光学·传统与现代融和》

3

佛教也曾以实际行动帮助社会的经济发展，例如，北魏的僧祇粟与僧祇户，协助当时政府解决人民的饥馑；南北朝的寺库、唐代三阶教的无尽藏院，以及历代所从事的油坊、当铺、旅店、碾硙业（灌溉设备业）等，都是繁荣经济、便民利国。现代的佛教，则是帮助政府改良社会风气、净化世道人心，以教化来辅助经济的发展。

——《普门学报·我们未来努力的方向》

4

所谓感恩的经济生活，是每个人对生活中的一粥一饭，要有当思来之不易的感恩。一条丝、一块布都不是简单的事，我们有衣服穿，是因为有工人织布；我们有饭吃，是因为有农人种田；没有主播、演艺人员，我们就没有电视可看；没有公共汽车司机，我们出门就没有车子可乘。我们之所以能生存于人间，主要的原因，就是有社会大众供给我们的需要，没有社会大众，我们就无法生活。所以，我们要把经济道德建立在知足、感恩上。

——《人间佛教系列·人生与社会·佛教的道德观》

5

财富是人人所希求的，财富可以分成很多种类，有物质的财富，也有精神的财富；有世间的财富，也有出世间的财富；有私有的财富，也有共有的财富；有现世的财富，也有未来的财富；有染污的财富，也有清净的财富；有外在的财富，也有内心的财富；有一时的财富，也有永久的财富；有狭义的财富，也有广义的财富；有有价的财富，也有无价的财富。

——《人间佛教系列·人生与社会·佛教的财富观》

6

佛经上说，世间的财富是五家所共有，哪五家呢：（1）一场水火天灾，疾病人祸的灾难，倾家荡产。（2）强盗土匪，劫夺我们的财富。（3）贪官污吏以种种手段侵夺百姓的财产。（4）不孝子孙，浪荡家财。（5）国家的苛政赋税，使民不聊生。纵使钱赚得再多，也无法预料无常意外何时会发生。世间贫富之别，并非看金钱的多寡，应是看自心能包容多大、欢喜多少、满足多少而定。

——《人间佛教系列·人生与社会·佛教的财富观》

7

何谓“净财”？“君子爱财，取之有道”，就是净财；“用得合理，用得得当”，就是净财。净财又称“善财”，把钱财用来行善，就是善财；用得不当或是来处不净，都是不净之财。如何才名为净

李萧锟　绘

星云语录

我们有衣服穿，是因为有工人织布；我们有饭吃，是因为有农人种田；没有主播、演艺人员，我们就没有电视可看；没有公共汽车司机，我们出门就没有车子可乘。我们之所以能生存于人间，主要的原因，就是有社会大众供给我们的需要。

财？工人用时间劳力赚取生活所需、公司行号将本求利，乃至士农工商，只要是合法的职业所赚得的钱财，都是净财。反之，非法的占有，如窃盗、贪污、赖账、诈骗、侵占、苟得、非法经营、吞没寄存等，都不名为净财。

——《如是说》

8

智慧是人类最大的财富，有时候惭愧也是财富，谦卑也是财富，知足也是财富。颜回居陋巷，一箪食、一瓢饮，人不堪其忧，而回也不改其乐，因为他有知足的财富。佛门的苦行僧，树下宴坐、洞中一宿，一样生活得非常惬意。贫富只是比较性的说法，贫穷的人内心能安贫乐道，也不差于富者；富者天天妄想、贪欲、不知足，生活也不快乐。

——《普门学报·佛教对“经济问题”的看法》

9

真正的财富在自己的心里。我心里生起智慧，智慧就是我的财富；我心中生起满足感，满足感就是我的财富；我心中生起惭愧心，惭愧心就是我的财富；我心中生起禅定，禅定就是我的财富。所以，我们不一定要在心外寻找财富，真正的财富，应该是内心源源不断的能源。

——《人间佛教系列·人生与社会·佛教的财富观》

10

人心、命运、金钱，这三者其实是互为因果关系的，心好命就好，命好钱就多。真正的财富在身体的健康、内心的满足、前途的美好、生活的幸福、眷属的和谐、正确的信仰、包容的心胸、灵巧的智慧及发掘自我本性的能源，只要心灵能够净化，这些内财自然具备。

——《普门学报·佛教对“经济问题”的看法》

11

所有的财富，要能与福慧建立关系，福慧是人生最究竟圆满的财富。佛陀是福慧具足的两足尊①；福慧事业不能发展，人生就不能圆满。所以，为了要福慧具足，要发展圣者的财富。所谓圣者的财富，如般若禅定的财富、法喜禅悦的财富、惭愧感恩的财富、慈悲智慧的财富，也就是净财、善财、法财。

——《当代人心思潮·发心与发展》

12

一般的商业化经营，是以营利、赚钱为目的，但是佛教讲究的是奉献、服务、布施、喜舍。佛教认为人生的目的不在赚取个人有限的金钱财富，甚至财富也不只是有形的金银财宝，应该扩大至善财、圣财、智慧财等。

——《普门学报·佛教对“经济问题”的看法》

李萧锟　绘

星云语录

真正的财富在自己的心里。我心里生起智慧，智慧就是我的财富；我心中生起满足感，满足感就是我的财富；我心中生起惭愧心，惭愧心就是我的财富；我心中生起禅定，禅定就是我的财富。

13

佛教不反对人拥有财富、赚取财富，世间的财富对现世的生活当然非常重要。但是，发掘心里的宝藏、开发心里的能源，更为重要。因此，认识自己、相信自己，甚至肯定众生皆有佛性的人，才是真正拥有财富。能够发掘人人本具的佛性，当下就是世界上最富有的人！

——《迷悟之间·发掘内心之宝》

14

佛教不是叫人不要钱财、不可以享乐；佛教要我们获得净财越多越好，享受禅悦越妙越好。即使世间上的福乐财富有限，我们也可以体会佛法里的法喜，探索信仰里的财富，享受心里的世界，拥有全面的人生，这才是建设真正福乐财富的人间。

——《当代人心思潮·自觉与行佛》

15

佛教虽然主张出家人可以粗茶淡饭，所谓“三衣一钵”“衣单二斤半”“头陀十八物”，但对广大的佛教徒要给予新的生活观念。因为“巧妇难为无米之炊”“贫贱夫妻百事哀”，一个在家修行的人不能没有钱财，否则如何孝养父母？如何安顿家庭的生活？何况修行办道、布施救济，都需要钱财作为助缘资粮。还有，国家社会的各项发展，也需要丰实的国库作为后盾。而佛教本身必须提供弘法利生、医疗慈善、教育文化等服务来净化社会、造福人群，如果没有净财，又怎能承办这些佛教事业呢？因此，佛教不排斥钱财，只要是来路明白、用途正当的“净财”“善财”“法财”，都是佛教所容许的。

——《当代人心思潮·自觉与行佛》

16

佛教认为人生应该追求的财富，例如，明理、正见、勤劳、结缘、布施、喜舍、感恩、知足、道德等，才是真正的财富。因为这些财富不但现世受用，来世还可以受用；不但一时受用，终身都能受用；不但一人受用，大众也可以受用。

——《普门学报·佛教对“经济问题”的看法》

17

佛教不但重视狭义的金钱财富，而且尤其重视广义之财，例如，佛法、信仰、慈悲、智慧、健康、欢喜、人缘、自在、惭愧、发心、道德、人格等。这些无形的财富比有形的财富更好。佛教不但重视私有财富，而且尤重视共有的财富，例如，道路、公园、河川等公共设施，以及花草树木、日月星辰、天地万物的生态维护，并且主张以享有代替拥有、以智慧代替金钱、以满足代替贪欲、以思想代替物质，发挥普世的观念，建设共有的胸怀。

——《佛光教科书·实用佛教·佛教对经济的看法》

李萧锟　绘

星云语录

佛教不反对人拥有财富、赚取财富，世间的财富对现世的生活当然非常重要。但是，发掘心里的宝藏、开发心里的能源，更为重要。因此，认识自己、相信自己，甚至肯定众生皆有佛性的人，才是真正拥有财富。能够发掘人人本具的佛性，当下就是世界上最富有的人！

18

佛教重视有形的财富，也重视无形的财富；重视外在的财富，也重视内心的财富；重视现在的财富，也重视未来的财富。佛教把财富从前世到今生、来世，看成是一体连贯的。财富不能只看一时，要看各种因缘关系，所以人在开发自己的财富之余，更要创造全民的财富。唯有本着“同体共生”的观念，共创一个均富的社会，国家才能长治久安，人民才能安定生活。

——《普门学报·佛教对“经济问题”的看法》

19

佛教非常重视均富、共有、施他、利济。佛陀当初实施僧侣托钵乞食制度，主要是因为他对财富的观念，主张“裕财于信众”。僧侣托钵之时，信徒布施饮食，僧侣施与教化，即所谓的“财法二施，等无差别”。

——《普门学报·佛教对“经济问题”的看法》

20

说到均富的社会，经济、财富要像活水一样，流动的活水才不会发臭，钱财也要让它流动。富人的钱财，要造福平民；平民的努力，也可以换取富人的财富，贫富要相互支应。佛教所讲的布施、喜舍，就是要让钱财互相回馈，并成为人间爱心的交流。

——《普门学报·我们未来努力的方向》

21

过去在佛教界里，一向不喜欢谈金钱、谈财富。提到某某人很富有，有人就会现出不屑一顾的样子，或者看到某个人很会理财、很欢喜赚钱，就鄙视他。其实，有钱并不是罪过，贫穷才会招致罪恶。所以，我们应该导正观念，要发心建设财富丰足的人间佛教，因为：黄金非毒蛇，净财作道粮；外财固然好，内财更微妙；求财要有道，莫取非分财。

——《人间佛教系列·人间与实践·人间佛教的建设》

22

金钱虽然是烦恼祸患的根源，但净财也是学佛修道的资粮，佛教并不排斥清净的富有。佛陀虽然曾以毒蛇来比喻黄金，但也主张赚取净财，拥有适当的物质生活。在《六方礼经》中，佛陀指导善生如何运用金钱；在《弥陀经》《药师经》等宝典中，佛陀描绘诸佛的净土都是黄金铺地、七宝楼阁，可以说人间的佛陀正是富贵人生的提倡者。

——《往事百语·贫穷就是罪恶》

23

财富有宿因而来，也有现缘而有的。所谓宿因，就是过去世带来的因缘福报。例如，现在能做大老板，光是有学问，如果因缘不足还是不够的。除了宿因，现世的因缘也很重要。广结善缘，给人一个亲切的微笑，说几句话赞美人，点头、握手，随喜功德，都会有意想不到的福德善缘。因此，人生要重视无限的未来，要不断地播种、不断地培养未来的因缘，才会拥有财富。

——《人间佛教系列・人生与社会・佛教的财富观》

24

佛教认为财富的获得，应从培福修德、广结善缘而来。一切都有“因缘果报”关系。因此，寺院经济的管理人，要有因果观念与常住观念，如“有权不可管钱，管钱的没有权”；强调“要用智慧庄严世间，而不要用金钱来堆砌”“要能运用财富，而不为财富所用”；尤其本着六和僧团的精神，重视“利和同均”，十分合乎现代人共有、共荣、共享的观念。这都是佛教经济观的特色。

——《佛光教科书・实用佛教・佛教对经济的看法》

25

佛教虽然鼓励在家信众可以荣华富贵，可以营生聚财，但要积聚有道，要合乎八正道的正业与正命，如《杂阿含经》说：“营生之业者，田种行商贾，牧牛羊兴息，邸舍以求利。”只要能将本求利、勤劳赚取，无论是农牧收成，或是经商贸易、企业经营、投资生息所得等，都是佛教认可的经济营生。

——《佛光教科书・实用佛教・佛教对经济的看法》

26

富人之名，不是由所拥有的金钱多寡而决定，一个人即使没有很多钱，只要他肯布施给人，他就是富有者；反之，虽然很有钱，却不肯普济于人，则与穷人无异。推行人间佛教，不一定希望人人都有财有势，主要是必须心里富有、有仁爱的心，即能发菩提大愿。

——《人间佛教系列·人间与实践·人间佛教的建设》

27

社会上富有的穷人很多，因为不知足、不懂得回馈国家大众，虽有财富，但也只是贫者。我们希望社会上多一些经济上虽贫乏，但人格高尚的富豪，让人不只是贪求，全民大众不要只是向钱看，人人都应该具有道德、和谐、责任、包容，彼此互相尊重。无论大集团、小企业，不投机取巧、不贪赃枉法、不要借势苟得、不要非法经营，大家都做一个诚信的国民，如此，才是国家真正的经济复苏。

——《普门学报·我们未来努力的方向》

28

从佛教的角度来看，世间上并没有穷人。有时间的人，用时间去帮助别人，这不就是时间的富者吗？善于言辞，用语言来赞美鼓励别人，不就是语言的富者吗？用微笑、欢喜、礼敬待人，

李萧锟 绘

星云语录

富人之名，不是由所拥有的金钱多寡而决定，一个人即使没有很多钱，只要他肯布施给人，他就是富有者；反之，虽然很有钱，却不肯普济于人，则与穷人无异。

不就是内心充实的富者吗？用力气帮助别人、服务他人，这不也是有力的富者吗？所以，贪心不足永远是贫穷的人，乐于助人则永远都是富贵的人。

——《迷悟之间·贫穷与富有》

29

财神是谁？财神当然就是自己！我们的双手劳动，辛勤奋发赚钱，双手就是我们的财神爷；我们的双腿勤于走路，开发财源，双腿就是我们的财神爷。我们耳聪目明，我们满面笑容，我们口中多说好话，我们肯向人点头示好，它们都能为我们带来财富。我们的五根六识，不就是我们的财神爷吗？

——《迷悟之间·财神爷》

30

拥有财物而不用，和“没有”有什么差别呢？拥有财物而不会用，和“无用”有什么不同呢？一心想要“拥有”，不如提倡“用有”。像冯欢散财于民，让孟尝君拥有人心，只是懂得“用有”的初步，更高一层，应如爱迪生将发明创造所得的专利用于为众生谋福；松下幸之助将企业所有盈余用于文化教育上，让社会获利，这些都是“用有”。如能以“用有”的胸怀，印证真理；以“用有”的财富，顺应人间，让因缘有、共同有，来取代私有的狭隘；让惜福有、感恩有，来消除占有的偏执。所谓“拥有，是富者；用有，才是智者”。富而有智，岂不善矣。

——《迷悟之间·从拥有到用有》

31

有了财富，还要懂得规划。佛教徒要如何分配钱财呢？可分为十等分：六分作为家人生活之用，其余四分，一分储蓄，备不时之需；一分作为医疗或娱乐之用；一分帮助亲属或社会福利之用；一分作信仰布施，广植福田之用。来路正当的钱财，只要懂得经营分配，即能成为人间的慈航，救人上岸，解除他人的忧悲苦恼。

——《佛光教科书·佛教问题探讨·家庭》

32

开源节流，这是经济学上千古不易的致富秘诀。开源节流，到底要开什么源，节什么流呢？

佛法就是我们的源头，有佛法就有慈悲，就有智慧。一个人即使物质生活欠缺，只要他有慈悲、有智慧，生命也会变得充实、富有。所以，我们要有佛法，要点亮一盏欢喜的灯，点亮一盏信仰的灯，内心有了欢喜、信仰，比世界上有形的财富更为重要。

开源节流也不一定只限于经济能源上，平时多结交一些朋友，多发心担任义工，多培养与别人互动的因缘，这也是社会人际关系的开源节流。甚至对自己不当看的东西不看，免得视力疲倦；不

李萧锟　绘

星云语录

财神是谁？财神当然就是自己！我们的双手劳动，辛勤奋发赚钱，双手就是我们的财神爷；我们的双腿勤于走路，开发财源，双腿就是我们的财神爷。我们耳聪目明，我们满面笑容，我们口中多说好话，我们肯向人点头示好，它们都能为我们带来财富。

当听的语言不听，免得听出是非烦恼；不当做的事不做，免得造业；不当想的不想，免得心烦意乱。节制我们的贪欲、嗔恨心，节制我们的口德，不要乱说话，这都是身体的节流。

——《普门学报·佛教对“经济问题”的看法》

33

节流，节什么流？我们要节省我们的用钱，节制我们的贪心，不要好买。我一生自觉自己不要钱，我也不好买；因为我不要钱，我不好买，所以我有钱建设世界，建设佛光山。我“以无为有”，淡泊就是我的节流，爱惜时间就是我的节流；每一个信徒的发心，我珍惜它、宝贵它，就是我的节流。

——《普门学报·佛教对“经济问题”的看法》

34

当初我创建佛光山的时候，一开始就先确立佛教处理钱财的方法。我告诉佛光山的徒众，佛教振兴之道在于佛教有人才、有净财、有道业、有事业，否则“巧妇难为无米之炊”。缺乏净财，无法成事。此外，我手拟佛光人守则，明定佛光人不能私自化缘、私建道场、私置产业、私蓄钱财。而且申令管钱的人不可掌权，掌权的人不能管钱；大职事有权，小职事管钱；有钱，要为佛教和社会用了，不可以储存。

——《普门学报·佛教对“经济问题”的看法》

35

我们在“日日难过日日过”的生活下，将每一分净财都用在培养人才、弘法利生的佛教事业上。因此，佛光山并不矫情地视金钱为罪恶，也不滥用金钱、积聚金钱，使金钱成为罪恶的渊源。我们的信念是要借着佛教的力量，把苦难的娑婆世界建设成富乐的人间净土。所以，钱财的处理运用，不在有无多少，而在观念的正不正确，以及会不会用钱。有钱而不会用钱，和贫穷一样匮乏，因此我常说：“有钱是福报，会用钱才是智慧。”

——《普门学报·佛教对“经济问题”的看法》

36

信佛不一定要用金钱布施，比金钱更重要的，是心香一瓣，随心、随力、随喜地布施才是最重要的。

——《人间佛教系列·佛教与生活》

37

人间佛教的事业，不光是文化教育、慈善、社会公益而已，建立现代化的人间佛教，其事业应包括工厂、农场、保险、银行、报纸、电台、公司，等等。佛教寺院可以鼓励信徒设立，以佛法精神为原则，僧信合作，为社会大众提供更多福利，为人间佛教树立楷模。

——《佛教丛书·人间佛教·人间佛教的事业》

38

佛教徒以钱财护持佛教事业，供养布施，不但成为兴隆佛教的净财，同时也为自己广植福德因缘。但是，净施要在“不自苦、不自恼、不悔施”的条件下，才算合法。

——《人间佛教系列·学佛与求法·皈依三宝的意义》

39

学道并不一定要贫穷才是有道心；若是心里的贪欲不除，外表装出苦行的样子，也不足取法。

——《佛光教科书·实用佛教·佛教对经济的看法》

40

长久以来有一点令人疑惑不解，许多佛教徒轻视当前的福乐财富，而把希望寄托在琉璃净土[②]或极乐世界；今生贫穷不要紧，只愿未来能生到他方世界，享受福乐财富。因此，不少佛教徒以苦行为修行，以贫穷为有道。在此理念之下，也使得佛教的传播受到很多的障碍。

——《当代人心思潮·自觉与行佛》

41

我们每一个人面对经济财富，要先建立满足、享有、共有的观念，如此，我们就能运用财富，而不被财富所用；以智慧来庄严世界，而不是用财富庄严世界。拥有金钱是福气，会用钱是智慧，所以我们不一定要做个拥有多少财富的人，能够做一个善用财富的人更重要。

——《如是说》

42

现代人过分浪费、消耗，不懂节约，这是一种危机。世界的资源有限，大家应该有所节制，为后代子孙留下一些财富。尤其在经济不景气的情况下，大家应该开源节流。所谓“开源”，就是开发心里的能源；“节流”，就是节约外在的物欲。

——《如是说》

43

有钱可以买到美食，却买不到食欲；有钱可以买到医药，却买不到健康。

有钱可以买到床铺，却买不到睡眠；有钱可以买到赞誉，却买不到知己。

——《佛光菜根谭》

【注释】

① 两足尊：指人天之中，所有两足生物中最尊贵者。佛陀被尊为“两足尊”，意为福慧圆满的象征。

② 琉璃净土：药师如来之净土。此世界以琉璃为地，城阙、柱梁、斗栱，周匝罗网，皆以七宝所成。国土中无女人身，离诸欲恶及一切恶道苦声，如极乐国。

不比较、不计较，自然就有人缘

1

生活的目标在追求幸福：怎样才算幸福？家庭美满、富贵长寿、完成任务、获得肯定等都是。然而，最大的幸福，还是来自内心的满足和平、来自他的欢喜和谐。要过得幸福快乐，就必须把自己融于大我之中，不仅追求个人的幸福，同时也创造人间大众的幸福，从大我中获得快乐。

——《星云法语·生活的健康》

2

生活的意义在圆满生命：生活的意义不完全是为自己。古德云："和羹之美，在于合异；上下之益，在能相济。"和谐才能互利，和谐才能平安。生活的意义，在于让我们的家人、亲人活得欢喜、有价值，让我们所居住的社会世间和平美好。所以，生活的意义，是在创造生命，创造社会的生命、国家的生命、大众的生命。

——《星云法语·生活的健康》

李萧锟　绘

星云语录

最大的幸福，还是来自内心的满足和平、来自他的欢喜和谐。要过得幸福快乐，就必须把自己融于大我之中，不仅追求个人的幸福，同时也创造人间大众的幸福，从大我中获得快乐。

3

生活的美德在提升性灵：生活要讲究艺术、讲究美德，培养高尚的情操，拥有真、善、美。在生活里，我们使用善美的语言，表现真诚的行为，养成净化的思想。这些美德，可以帮助我们提升性灵，超越品格。

——《星云法语·生活的健康》

4

所谓生活质量，是讲究生活的规律、环境的整洁、家居的安宁、居住的安全、饮食的正常。家庭成员和谐友爱，社会活动安详有序，工作定时、忙闲适中、晨起晚睡，皆有规律。生活质量要重质不重量，并且需要一些社会领袖从上而下的以身作则，如轻车简从，彬彬有礼；再到家庭主妇，治家有序，待人和蔼；甚至社会的工商各界，来往尊重平和；学校的青年，处处礼貌周到；公务人员，服务为先；公众事业，亲切周到。全国人民，人人如此，则生活质量必然为人称道。所谓佛教的极乐世界，就是生活质量为人所向往；琉璃世界的药师净土，就是政经富乐，为人所欣羡。所以，生活质量有待全国人民合力倡导，方有成就之日！

——《迷悟之间·生活质量》

5

佛教的出世生活，不是要我们离开人间，到他方去过生活；也不是等我们死了以后，才有出世的生活；更不是只为自己了生脱死，不管世间的灾难困苦。所谓出世的生活，一样在世间上生活，只是要把佛教出世的思想，无边深广的悲智，运用于救度众生的事业上。期使每一个人能发出离心[①]，了脱生死，更促进世界繁荣、国家富强、社会安和，到处充满着佛法的真理与和平。

——《人间佛教系列·缘起与还灭·从入世的生活说到佛教出世的生活》

6

在人间生活，不是顺境，就是逆境。对于顺境、逆境，如果都能保有一颗如如不动的心，这就是禅。能把如如不动的心，用在纷纭扰攘的现实生活里吗？能够的话，就是懂得禅了。能够从生活中体会禅悦法喜的修行，才是人间佛教行者所提倡的真修行。

——《星云法语·何谓禅》

7

生活在这个忙碌的工业社会里，如果不能随时利用零碎的时间，一定会觉得时间不够用，生活无所适从。因为日出而作、日落而息的悠闲农耕社会已经过去了。随着社会结构的改变，我们必须拾掇零碎的时间用心思考、把握“浮生半日闲”的片刻，才能完成许多的心愿和事业。

——《人间佛教系列·佛教与生活·佛教与生活（一）》

8

所谓生活的佛教，就是说话、走路、吃饭，不论做任何事，都应该合乎佛陀律仪的教化，例如，佛法中的发心，可以运用于我们的生活中，敦亲睦邻、孝敬亲长、友爱手足、帮助朋友。佛法不是画饼充饥、说食数宝，应该身体力行，彻底去实践，进而扩充运用于家庭、学校、社会，不可以把生活与佛法分开。

——《人间佛教系列·宗教与体验·我的宗教体验》

9

人的生活在于一个“转”字，要能转大为小、转苦为乐、转迷为悟、转邪为正。修行的秘诀，就是要能转一切不好的境界为善美的境界。勇于接受、善于转化，将烦恼转成力量，这也是人间佛教的修行重点。

——《如是说》

10

人难免会有一些烦恼，佛教里有谓大烦恼、小烦恼、八万四千烦恼等。《六祖坛经》里，卧轮禅师说：“卧轮有伎俩，能断百思想。对境心不起，菩提日日长。”惠能大师却说：“惠能没伎俩，不断百思想。对境心数起，菩提作么长。”面对生活中的一切，能像惠能大师一样“不断百思想”，所谓“兵来将挡，水来土掩”，就可以不怕烦恼起，能够在烦恼里有定力，不为其左右、打倒，自能安心自得。

——《星云法语·如何生活》

11

一般人大多过着以下的生活：

（1）以物质为主的生活，因为物质占据了我们生活的主要部分。

（2）以感情为主的生活，因为人是感情的动物，所以佛说众生为有情。

（3）以人群为主的生活，因为人不能离群而独居。

（4）以根身为主的生活，因为一般人都是依靠眼、耳、鼻、舌、身、意（六根）去追求色、声、香、味、触、法（六尘）的快乐。

——《普门学报·人间佛教的蓝图》

12

人虽然过着物质、感情、群居、根身为主的生活，但是：

（1）物质是有限的，不能满足我们无限的欲望，所以我们要有“合理的经济生活”。

（2）感情是多变的，不能永远令我们满意，所以我们要有“净化的感情生活”。

（3）人群是利益冲突的，不能长久和平相处，所以我们要有“六和的处世生活”。

（4）根身是无常的，因缘会招感聚散离合，所以我们要有

李萧锟　绘

星云语录

人的生活在于一个『转』字，要能转大为小、转苦为乐、转迷为悟、转邪为正。修行的秘诀，就是要能转一切不好的境界为善美的境界。勇于接受、善于转化，将烦恼转成力量，这也是人间佛教的修行重点。

“法乐的信仰生活”。

——《普门学报·人间佛教的蓝图》

13

有的人，能静不能动，常常一个人自我关闭、独坐、冥想。生活中，顶多阅读书报、聆听音乐，对于活动，他不乐于参加。他的人生就像枯木死灰一般，显得太没有生气了。其实，就算是参禅打坐，在“静”坐之后，也要起来行香、礼拜，以活“动”筋骨；即使是诵经、念佛，在声音的“动”态之后，大修行者也会要你有些闭目、禅思的时间，让你享受寂“静”安乐。所以，动、静是不可分开的。当动的时候要动，当静的时候要静，能静能动，才是正常的生活。

——《迷悟之间·动静时间》

14

人生不必只追求享乐、富有；人生不要做金钱的奴隶，应该增加生活的情趣、提高生活的品位。例如，住家环境的整洁美化，有助于生活质量的提升，因此，每日勤于打扫庭院，把家里整理得窗明几净、舒适，院中亦可莳花植草，以增进生活意趣。乃至偶尔与三五好友到郊外游山玩水，也会提升生活的品位。尤其能把自我融入工作或大自然之中，如花朵般给人欢喜，如山水般给人欣赏，如桥梁般供人沟通，如树荫般让人乘凉，如甘泉般解人饥渴，能够自我创造生命的价值，这才是吾人所应该追求的生活品位。

——《普门学报·人间佛教的蓝图》

15

人生不能只是往前直冲，有的时候退一步思量，往往能有海阔天空的视野。所以，要享有“自在的生活”，不可忽略以下四点：人我是非不去说，成败得失不计较，忧愁烦恼不挂念，名闻利养不争前。

——《星云法语·生活的自在》

16

人生不是一味地工作赚钱，也不是一味地追求享受，要让自己的身心经常与善法相应，心灵提升才最重要。因此，一日之中可以安排自己做一些有意义的事情，不但利己而且利他，以下有四点建议：

（1）禅坐五分钟：调心最简便的方式，不外禅坐。禅坐是一种心地功夫，什么时间都可以坐。经常训练禅坐，久而久之，心性也会变得更柔软，甚至体会到三千大千世界就在一心之中。

（2）运动五千步：步行，虽然是一种非常简单、不费力的运动，但是医学证明，走路确实可以改善健康状况，而且走路不受空间的限制，大家可以多多步行。

（3）善事做一些：人之所以能够生存，是众人给予的因缘，因此，每一个人都应当以感恩心来回馈社会。有需要协助的地方，

李萧锟　绘

星云语录

人生不能只是往前直冲，有的时候退一步思量，往往能有海阔天空的视野。所以，要享有『自在的生活』，不可忽略以下四点：人我是非不去说，成败得失不计较，忧愁烦恼不挂念，名闻利养不争前。

就伸出援手；有能力做的事情，则直下承担。

（4）三餐要节俭：饮食方面，吃得健康最重要。有些人为了贪欲，三餐要求美食、佳肴，想一想，世间上还有许多人三餐不继，我们怎能为了吃而挥霍无度呢？

——《星云法语·一日之中》

17

人生没有理想，生活会过得涣散；做事没有目标，手脚会显得忙乱；说话不经思考，出口常莽撞伤人。因此，凡事都要有预备，预备就是沉潜、考虑，做最周详的计划。关于“预备未来”有以下四点意见：

（1）做好身体的修行：除了生活作息正常、适当运动、保持心情愉快之外，不侵犯其他生命、经常做好事，能为未来的身体铺好健康的大道。

（2）做好口舌的修行：每个人都喜欢听善言，一旦遭人恶言相向，不是瞋目切齿，就是伤心难过。人同此理，情同此心，经常站在对方的立场设想，说赞叹语、鼓励语，不但能获得人缘，而且更能激起对方的信心。

（3）做好心意的修行：EQ高，处事才能圆融；内心平，事情才容易成就。将心胸打开，不在人我是非上计较，烦恼自然能减少。

（4）做好当下的修行：有的人虽然理想很高，但是往往无法成就，原因就在于不能把握当下成事的机会，总是抱着“这山看着那山高”的心态，结果却是“到了那山没柴烧”。其实，做什么事情都可以有成就，就看我们当下是否能用心。

——《星云法语·预备未来》

18

人都想要自由，假如能将感情淡化一点，就可以求得人生的自由自在。倘若只在二人的感情世界里徘徊、周转，天天过着被感情诱惑、束缚的日子，还有什么独立的人生可言呢？因此，每天净化自己的身心，扩大心胸去关心更多人、更多事，生活才能过得安乐富有。

——《普门学报·佛教对“青少年问题”的看法》

19

人必自助，而后人助之；人必自尊，而后人尊之。他人是缘，自己为因。观世音菩萨手拿念珠念观音，告诉我们求人不如求己；禅宗“啐啄教育”，也要行者师弟同时用功，才能豁然开悟。黄檗禅师也说：“不着佛求，不着法求，不着僧求。”唯有从自我出发，踏实耕耘，成功的果实才会真正甜美。

——《迷悟之间·从自我出发》

20

我们的生活所需，是从物质的吃饭、穿衣、居住，再到精神上的音乐、读书、情爱、思想自由，以及艺术上的绘画、布置、情调，最后是宗教生活的修行、心灵净化、人性提升等不同境界。

——《星云日记》

21

一天有二十四小时，我们除了吃饭、睡觉、工作之外，借由正当的娱乐来调剂生活是极为重要的一环。

一般社会的娱乐重在感官刺激，佛教则重视内心的调和，例如，禅师教人栽松、除草、耕耘、种植，让身心与田园自然融合，享受宁静的禅悦法喜，或在坐禅之后，利用跑香、经行来调节身心。而念佛的人，念佛之外，也要绕佛、拜愿，这些都是身心的娱乐。

——《普门学报·人间佛教的蓝图》

22

一般人总喜欢把苦和乐、难和易，分得很清楚，因此，苦的时候难过，乐的时候欢喜；有收获的时候雀跃鼓舞，有困难的时候伤心颓丧。

假如我们能把这些相对的观念调和厘清，不偏激、不极端，那么不论是生也好、死也好；苦也好、乐也好；难也好、易也好，都不相妨碍，这就是洒脱自在的生活。

——《人间佛教系列·佛教与生活·佛教与生活（二）》

23

有的人发生困难、遭遇挫折，却不去检讨原因，只在果报上计较，于是怨天尤人、愤愤不平。殊不知凡事有因有缘，才会有果，自己所受的果报，正是自己植下的因所产生的果。如能了此真理，就会甘心受报，坦然自在，纵使受苦，也只是今生。否则今生再造苦因，来世还要再受苦果，如此轮回不已，生生世世受苦，终将永远不得解脱。因此，了解佛教的缘起、业报、因果、无常、苦空等义理，可以帮助我们认识人生、了悟人生，进而掌握人生、开创人生。

——《佛教丛书·教用·佛教与人生》

24

一个信仰佛教的人，最重要的是把握自己的心、驾驭自己的心。唯有用心去体会佛法，将佛法用诸于平常生活，这种生活才是最幸福、最快乐的。

——《人间佛教系列·佛教与生活·佛教与生活（二）》

25

“心静”，观万物莫不自得；“心动”，则事相差别现前。因此，要达到“动静一如”的界，关键就在我们的内心，是否已去除差别妄想。

——《佛教丛书·宗派·禅宗》

26

有许多很有学问的人，他们进入佛门几十年，却不能与佛法相应，原因在哪里？就是他不能把自己信奉的佛法应用在生活中。所以，在信仰的历程中，把所信仰的佛法和生活打成一片是很重要的。

——《人间佛教系列·佛教与生活·佛教与生活（一）》

27

学佛的人，应拥有怎样的精神生活？

必须以八正道[②]作为生活的准绳，而八正道又以“正见”为首要。有了正确的思想见解，才能过着真正富足的精神生活。一个信佛的人，在日常生活中，凡事要求心安，“仰不愧于天，俯不怍于人”，这就是正确的思想见解。

——《人间佛教系列·佛教与生活·佛教与生活（二）》

28

在家信众如何规划自己的育乐生活？只要不是纵欲，不是沉溺于伤神妄念的酒色财气之中，只要是正当的育乐，都是可以追求的。例如，晨起的运动、睡前的音乐欣赏、白天定时的散步；或是闲暇时，三两好友相约旅游、座谈、喝茶、谈道；乃至抄经、烹饪、琴艺，即使是参加朋友之间的舞会、聚餐等，也无不可。不过，育乐生活也应有其条件与注意事项：

（1）参与的人，必须是“诸上善人”。

（2）参与时间分配要适当，例如，一天二十四小时当中，工作八小时、睡眠八小时，另外的八小时吃饭、盥洗、育乐等，要平均分配。

（3）活动的地点要注意安全。社会上常有山难、水难等意外频传，故外出应注意安全。甚至玩火、赌博、酗酒等，这些都不是正当的育乐，应该避免。

（4）参加活动时，最好夫妻一起出席，不但彼此可以认识共同的朋友、培养共同的话题，同时也能避免感情出轨的机会。

——《普门学报·人间佛教的蓝图》

29

佛法说人身难得，所以我们要爱惜生命。爱惜生命，就要珍惜人生、爱惜生活，有以下四点：

（1）省嗜好以养心：人都有嗜好，适度的嗜好，可以怡情养性；不好的嗜好，成为癖性，甚至嗜好太过强烈，就会变成贪心、变成执着，成为烦恼的根源。因此，生活中省一省嗜好，可以长养自己清廉的心。

（2）崇退让以和众：忍与退，是与人相处不可少的法门，如果说忍是一种担当，那么退就是一种涵养。所谓“耐一时，火坑变作白莲池；退一步，便是人间修行路”。一个人能够谦退，不比较、不计较，自然就有人缘，自然就能和众。

（3）减耗费以惜福：滴水如金，丝缕似银。世间上无论什么东西，都是来之不易，因此要懂得珍惜。生活中能减少一点浪费，减少过度消耗，就是爱惜自己的福报。福报如同银行里的存款，懂得惜福，才不至于耗费用尽。

（4）重实践以成事：一个人事业能成功，努力实践是很重要的因素，修行也是如此。如果没有实践，漫天的理论，犹如空中泡影，也是徒劳无用。

——《星云法语·爱惜生活》

30

每一个人都希望求得健康，但是健康有健康的条件，健康有健康的因果。如何才是健康的生活？饮食要节制、作息要正常、情绪要平和、物用要淡泊。

——《星云法语·生活的健康》

31

我们为什么来到人间？我们不是为了受苦而来，也不是为了斗争而来，是为了享受人间的福慧、享受人间的资源、享受内心的平静而来，但是这一切，也要靠我们自己来发展才能获得。

——《当代人心思潮·发心与发展》

32

对于世间的物用，佛教并不排斥否定，因为人在世间上生活，自然需要眷属的爱敬、净财的增长及福乐富贵的不断增长，这是人间生活的要求。但是，我们光有外在的财富还不够，对于内在的精神，还须透过“定慧等持”“止观双修”，不断地自我提升，以期达到“现证法喜安乐，永断烦恼无明”。

——《当代人心思潮·发心与发展》

33

很多人拜拜，祈求神明保平安，但我们不能永远靠外在的“保安队”来安心生活，重要的是要从我们的内心做起，就像古来多少行者参禅修道，也是为了求得一个安心。因此，如何才能安心地生活？要有美好的环境、要有善良的师友、要有合理的经济、要有净化的感情。

——《星云法语·人生四不》

34

其实，真正的人生规划是不确定的，各有因缘，有时候实在由不得自己做主。所以，最好的生涯规划是把自己规划成：自觉的人生、自度的人生、利他的人生；在生活中，要有净化的感情、要有善用的金钱、要有德化的处世；能够让自己的生命活得有意义、活得有价值，这就是最好的生涯规划。

——《迷悟之间·生涯规划》

李萧锟　绘

星云语录

我们为什么来到人间？

我们不是为了受苦而来，也不是为了斗争而来，是为了享受人间的福慧、享受人间的资源、享受内心的平静而来，但是这一切，也要靠我们自己来发展才能获得。

35

人间佛教的行者，凡出口之语，正知正见；待人处世，大公无私，如日月之辉，光明坦荡。人间佛教的行者，应有下列六种的生活：

（1）财富丰足的生活。（2）眷属和敬的生活。

（3）工作勤奋的生活。（4）正觉道德的生活。

（5）感情净化的生活。（6）心性慈悲的生活。

——《开示》

36

工作除了提供生活所需之外，也是奉献、服务、广结善缘的最好修行。因此不但要从事正当的职业，还应该具备正确的观念，亦即所谓的职业道德，例如，要有因果的观念、要有忍耐的力量、要有敬业的精神、要有感恩的美德。

——《人间佛教的戒定慧》

37

一般不了解佛教的人，以为研究佛法之后，世间的一切都要放弃。其实，佛教并未要求每个人都出家，一样许可男婚女嫁；吃荤、吃素，也不会对学佛构成太大的问题；三藏十二部经典[③]，甚至各家经论、宗派，不仅不会成为日常生活的束缚，还能帮助我们了解佛法，实践受益。所谓“竹密不妨流水过，山高岂碍白云飞”。有了佛法，不会被任何知见的高山所阻挡；有了佛法，也不会被烦恼的绳索所系缚；有了佛法，人生才能无往不利。

——《人间佛教系列·学佛与求法·学佛前后》

38

只要是对大众有利、对佛教有贡献的事，应该及时把握时机，努力去创造，不要等待机缘错失，造成终生憾事。尤其是年轻人，更应该珍惜英年大好时光，发愤图强，不要等到白发皤然，才唉声慨叹“空负少年时”。聪明的人，不会缅怀过去，也不憧憬未来，而是及时把握现在，努力振作。

——《人间佛教系列·佛教与生活·佛教与生活（一）》

39

道不在奇异，而在日常生活中平实的表现。只因我们舍本逐末，以为不怪异神奇就不是道，其实佛法就在“饥时吃饭，倦时睡觉”的日常生活里。求法要处处用心，把佛法与生活融合在一起，表现我们心性中最纯净的一面，做到“平常心是道”。

——《如是说》

40

“是非朝朝有，不听自然无。”干扰我们生活的就是得失是非，它让我们在众说纷纭中，轮回流转、扰攘终日、不得安宁，怎么能快乐得起来？只有学习禅者的精神：不说是非、不听是非、不理是非、不传是非、不怕是非，明白是非。那么是与非，何足畏哉？

——《星云法语·快乐的生活》

41

待客之道可分为三种：

（1）属于亲友的客人：要尊重他、礼遇他，让他有宾至如归的感觉。

（2）属于有关系的客人：如工商、记者、警察等，要给予善意接待，尽快解决问题。

（3）属于临时的客人：偶然的访问，可因人、因时、因事而定，但总要给人欢喜、给人满意。

总而言之，“相”上虽有差别，但待客的诚心是不变的。

——《佛教丛书·仪制·生活礼仪篇》

42

见到他人悭贪的过失，自己要欢喜施舍的生活；

见到他人五根的过失，自己要欢喜持戒的生活；

见到他人世俗的过失，自己要欢喜出世的生活；

见到他人疑虑的过失，自己要欢喜正信的生活；

见到他人懈怠的过失，自己要欢喜发心的生活；

见到他人嗔恚的过失，自己要欢喜忍辱的生活；

见到他人妄语的过失，自己要欢喜忠信的生活；

见到他人是非的过失，自己要欢喜正派的生活；

见到他人罪苦的过失，自己要欢喜慈悲的生活；

见到他人执着的过失，自己要欢喜无我的生活；

见到他人奢靡的过失，自己要欢喜清净的生活。

——《佛光菜根谭》

【注释】

① 出离心：出离，即超出脱离之意，能使人远离迷界、脱离生死轮回之苦，进而成就佛道，达到解脱之境。由于出离心能透彻世间的颠倒假相，令人生起勇猛的远离之心，因此是成就菩提佛果的胜因。

② 八正道：八条通往成佛大道的实践法门，分别为：正见、正思维、正语、正业、正命、正精进、正念、正定。

③ 三藏十二部经典：三藏是佛典的三种分类，指经藏、律藏、论藏，为佛陀教义的精华。后世弟子将三藏典籍，就佛陀说法的方式、文体及内容的不同，分为十二部类，即十二部经典，分别为：长行、重颂、孤起、譬喻、因缘、无问自说、本生、本事、未曾有、方广、论议、授记。

真正的教育要自觉、发心、感恩

1

教育有家庭教育、学校教育、社会教育、团体教育，但真正的教育在于自己，自己无心于教，所谓“言者谆谆，听者藐藐”，也无济于事。佛教的教育，就是“觉”的教育，但是先要“自觉”，而后“觉他”，进而才能“觉满”。

——《人间万事·教育》

2

一般人以为教育就是学多少字、读多少书、知道多少常识。其实，教育最重要的是正确的价值观与生活态度，例如，吃饭要有感恩的心情，穿衣要有物力维艰的了解，一切都是得来不易的。

——《人间万事·教育》

3

真正的教育，必须要有菩萨的发心，如释迦牟尼佛及跟随他的十大弟子等千二百五十人、耶稣的十大门徒、孔子的七十二贤人等，这许多人因为受到老师教育的感染，兴起献身普世人类的发心，因此能留名青史。所以，能有“先天下之忧而忧，后天下之乐而乐”的普济思想，才显得出受教育的学子，其人格不同于一般人。

——《人间万事·教育》

4

生活里，有因果观念就是教育；懂得感恩图报、发心回馈，就是教育。有了生活的教育，就与单纯获取知识的教育不一样了。

——《人间万事·教育》

5

教育是在开发人们与生俱来的潜能，是在培养良好平和的性情，进而养成健全的人格。教育能够加强是非善恶的判断，提高廉耻忠孝的情操，最重要的，要达到自我启发、自我教育、自觉教育的目标。

——《星云法语·教育的意义》

6

教育的目标，是教导学子如何发现问题，以及引导他思考问题的答案在哪里；教育的目的，是启发学子的心灵宝藏，而不是将他人的思想，填鸭式地加诸学子的记忆中。所以，教育的课题是启发学子的心智。

——《星云法语·教育的意义》

7

教育的目的，是为了改善人类的生活方式，提升人类的生活质量；教育的目标，是为了培养正义道德；教育的成就，是让人明智达礼。因此，教育的基础，是养成良好的生活习惯。

——《星云法语·教育的意义》

8

一个家庭里，父母从小就教育儿女，对人要有礼貌、要养成良好的习惯，尤其行立坐卧的规矩，这是做人最初应该学习的一门重要功课。进了学校，老师对学生的教育，不只是知识上的传授，生活上的教育同等重要。所谓生活教育，就是在行立坐卧上应有的礼仪。

——《迷悟之间·行立坐卧》

9

家庭教育是学校教育的基础，学校教育是家庭教育的延伸。然而时下多数父母却往往把教育儿女的责任与希望托付在学校教育上，而忽略了家庭教育的重要性，甚至因为不当的家庭教育，

李萧锟　绘

星云语录

教育是在开发人们与生俱来的潜能，是在培养良好平和的性情，进而养成健全的人格。教育能够加强是非善恶的判断，提高廉耻忠孝的情操，最重要的，要达到自我启发、自我教育、自觉教育的目标。

导致儿女在人格、思想、观念的发展上产生偏差，影响所及，不仅关系孩子一生的前途，甚至贻害国家、社会，乃至全人类。因此，为人父母者，除了为儿女营造一个衣食温饱的家庭以外，更应该重视孩子成长中的每个阶段性教育，尤其是童年与青少年时期的教育。

——《佛教丛书·仪制·佛化家庭篇》

10

为人父母者，要在子女身上多一些时间关怀与教育，教好一个孩子等于救了好几代。家庭和睦、社会祥和，则人人有福。教育儿童的方法有下面几种：

（1）维护儿童人格的尊严。（2）养成儿童感恩的美德。

（3）培养儿童认错的习惯。（4）化育儿童接受的性格。

（5）重视儿童待人的礼貌。（6）教导儿童正常的生活。

（7）坚定儿童心中的信仰。（8）增长儿童处世的善缘。

（9）培养儿童的慈悲胸怀。（10）培养儿童的忍耐力量。

（11）培养儿童的服务精神。（12）培养儿童行善的美德。

——《佛教丛书·仪制·佛化家庭篇》

11

教育儿童的方法有下面几种：

（1）教他跟大家结缘：要让孩子了解，一粥一饭都是许多人辛勤奉献的成就，因此吃饭的时候，当思来之不易。儿童在这种教化下长大，懂得感恩、结缘，将来就不会贪心、悭吝，更不会以暴力相向。

（2）教他要有感恩心：生活中，时时给孩子机会教育。告诉他这件衣服是爸爸给的，要感谢爸爸；那个玩具是哥哥姐姐送的，要谢谢哥哥姐姐。时时言感谢、事事存感恩，将来才会敬重人。

（3）教他对人有礼貌：佛经上常说："佛法在哪里求？在恭敬中求。"要时时教导孩子跟人点头、跟人说好话，有礼貌，结善缘。

（4）教他心中有信仰：让儿童知道"三宝"的伟大，知道宗教的慈悲。从小亲近"三宝"，长大后自然将心里的信仰化为生活中的谦冲虚怀，进而促进社会的祥和。

——《人间佛教系列·学佛与求法·佛陀的教育法》

12

一般父母对于子女的命名都很重视，有的在婴儿未出生前就已经为他们取好名字，等待新生命的到来。在佛教，命名只要雅而不俗，叫起来顺口、响亮、不怪异、不冷僻，就是好名字。孩子出生取名，可以参考具有佛教意义的用字，例如，法、净、慧、光、德、因、果、善、智、明、圆、广、愿、如、慈、莲、道等，使孩子从小就接受佛法的陶冶，养成善良敦厚的人格。

——《佛教丛书·仪制·人生礼仪篇》

13

一般人过生日，往往设宴会、张音乐、开舞会、绘图画、竞辞赋，以之为乐。其实，生日是母难日，这一天不应以此为乐。佛教徒对于过生日，应该有不同的庆祝方式，例如，到佛前诵经礼忏，或修诸福事，把功德回向给天下每一位为人父、为人母的父母亲，以报答父母劬劳生育之恩。

——《佛教丛书·仪制·人生礼仪篇》

14

出国旅游不要成为采购团，旅游的目的不在物质，而重在精神的启发、道德的修养。因此，父母带子女外出旅游，不要只是为了虚荣，应该“寓教于乐”，借着旅游的机会，带领子女到名胜古迹参访，借以增加知识、开拓见闻、增长阅历、结交友伴。尤其，在旅游时，应该教育子女发挥服务的精神、启发感恩的思想、注意参访的礼仪、重视公共的道德等，以展现绅士、淑女的风度与教养。

——《迷悟之间·旅游的意义》

15

过去有“师严而后道尊”的教育理论，有的老师为了达到“严师出高徒”的目标，以打骂的方式严苛教导，以致学子自尊受挫，在心中留下不可磨灭的阴影，影响人格健全发展。所以，教育的秘方应以尊重学生为前导。

——《星云法语·教育的意义》

16

禅宗的教学法，有时当头棒喝、有时反诘追问、有时有无不定、有时暗示含蓄。总之，禅的教育，就是不说破，不说破的才是自己的全部。

——《星云禅话·洗心革面》

17

自己没有自觉要向上、向好、向善，即使有再好的名师也教不成，所以教育要靠“自觉”。

——《人间万事·教育》

18

人一出生到世间，就要修学、受教，透过学习、教育，才能明理知义。对于不肯学习的人，有以下四患：

（1）仁厚不好学，近愚：即便是做人很好，但不好学，也就没有智慧，近于愚痴。所以，心慈无智的人，纵然待人厚道，有时候不当的慈悲、厚道，还是属于愚痴的行为。

（2）聪慧不好学，近虚：一个人虽然很聪明，但是不肯运用聪明再去进一步学习，这种聪明但不好学的人往往虚而不实。

李萧锟　绘

星云语录

父母带子女外出旅游，不要只是为了虚荣，应该『寓教于乐』，借着旅游的机会，带领子女到名胜古迹参访，借以增加知识、开拓见闻、增长阅历、结交友伴。

（3）诚实不好学，近害：有的人做人很诚实，老老实实、诚诚恳恳，但是不好学。不好学则无智，因此不懂得运用诚实、不善于拿捏分寸、不晓得分辨利害、不知道权衡轻重，光凭着诚实，这样子的人危险临身也不知道防范，所以诚实不好学，近害。

（4）勇敢不好学，近乱：有些人很勇敢，讲话勇敢、做事勇敢，但是没有学问。没有学问就容易乱来，乱说乱做，这种人不会受人尊重，也不会受人重视。所以，人要好学，好学以后才能不愚痴，才能不受害。

——《星云法语·不学之患》

19

世上最宝贵的是智慧、思想，有了智慧、思想，可以让人生的理念、境界再提升。过去有些寺院宁可用两吨重的黄金塑造佛像，却不懂得推动佛教的文教事业，失去了佛教存在的意义与本质。所以，未来人间佛教的发展，不要只看到黄金，看不到智慧。所谓“法身慧命”，没有智慧，就没有生命。

——《如是说》

20

棒喝看起来是体罚、是责备，却是非常慈悲、非常含蓄的，一般不够资格的学生，是不容易得到老师的棒喝的。马祖禅师的一喝，让百丈禅师耳聋三日；黄檗和临济师徒，道得是三十棒，道不得也是三十棒，这是禅的妙用，也是最高的教育。

——《迷悟之间·棒喝》

21

佛教对现代教育的看法是：

（1）生活重于知识。

（2）道德重于功利。

（3）普济重于个己。

（4）自觉重于接受。

——《星云日记》

能令别人欢喜，才是成功的管理

1

管理学是因应时代进步而产生的一门学问，顾名思义，指的就是有计划、有组织、有系统、有目标的运作方式。管理是一种艺术，有其灵活巧妙之处。每个人资质不一，各有妙用，只要善于带领，败卒残兵也能成为骁将勇士。最重要的是，要能看出他们的优点长处，给予适当的鼓励；看出他们犯错的症结，给予确切的辅导。尤其，不能伤害他们的尊严，要让他的人生得到正面的成长。

——《普门学报·佛教对“应用管理”的看法》

2

我觉得管理不是命令、不是指示、不是权威，管理要懂得尊重、包容、平等、立场互换，要让人心甘情愿、给人信心、让人欢喜跟随，这才是最高明的人事管理。而且，管理者不能总是高高在上地发号施令，要常常深入群众，和大众建立“生死与共”的观念及感情，才能发挥团队的最大力量。

——《普门学报·佛教对“应用管理”的看法》

李萧锟　绘

星云语录

我觉得管理不是命令、不是指示、不是权威，管理要懂得尊重、包容、平等、立场互换，要让人心甘情愿、给人信心、让人欢喜跟随，这才是最高明的人事管理。

3

沟通或管理，都是为了取得彼此的共识，而非强迫对方接受自己的看法。因此，要能设身处地地替对方着想，能令别人欢喜接受，才是有效而成功的管理。

——《普门学报·佛教对“应用管理”的看法》

4

说到管理，其实就是在考验自己心中有多少慈悲与智慧。管理的妙诀，首先须将自己的一颗心先管理好，要让自己的心中有时间的观念、有空间的层次、有数字的统计、有做事的原则，能合乎时代与道德。更重要的是，让自己心里有别人的存在、有大众的利益，能够将自己的心管理得慈悲柔和，将自己的心管理得人我一如，以真心诚意来待人、以谦虚平等来待人，才算修满管理学的学分。

——《普门学报·佛教对“应用管理”的看法》

5

当一个人连自己的身心都无法管好，又怎能管理他人之事？心是万物之本，没有把根本管理好，只管理枝末，人生当然不会圆满。能把自己的心管好，心正则一切皆正、心净则一切皆净、心善则一切皆善，这才是最重要的管理学。

——《普门学报·佛教对“应用管理”的看法》

6

佛陀是最早的管理专家，他讲说的教理义涵，可以说无一不是管理法。例如，以“横遍十方，竖穷三际”来形容每个人法身、自性，是永恒、无始无终、无穷无际，用之于管理，不也是要做到纵的上下联系，横的各方关照，才能圆满周全吗？其他如“四无量心”①“四摄”②“六度”③“八正道”等，也都是自觉觉他、自利利他的管理法门。

——《普门学报·佛教对“应用管理”的看法》

7

佛教一向重视人事管理，我对现代人间佛教的人事管理规则，有以下几点意见：

（1）要顾全大局。（2）要明白分工。

（3）要知道协调。（4）要用心策划。

（5）要全力推动。（6）要向上报告。

（7）要知道承担。（8）要追查成果。

——《佛教丛书·教用·佛教的管理学》

8

企业的定义，不仅指狭义的社会工商企业，举凡有目标、有计划、有系统的组织体，都可以称之为企业。佛教也是相当重视企业理念的组织体，例如，佛陀当初创建僧团，就是本着有组织、有计划的企业精神而成立的；唐代“马祖创丛林，百丈立清规”，是具有企业思想的；近代太虚大师重整僧伽制度，也是企业精神的展现。乃至佛光山倡导人间佛教，也是以有组织、有系统、有规划的企业精神，作为人间佛教事业的管理。

——《佛教丛书·教用·佛教与企业》

9

佛教很重视群我的关系，丛林寺院管理的原则，从启发心灵和服务大众着眼，而且主张自动自发、自我约束。两千多年来，佛教以佛、法、僧“三宝”作为信仰的依归，以经、律、论“三藏”为管理的法则，令僧众有明确的方向目标和最佳的修行指南。其实，这个管理方法亦可用之于国家、社会、各行各业，乃至个人的身心管理。

——《普门学报·佛教对“应用管理”的看法》

10

佛教里有很多的管理法，如四摄法的管理、六度万行的管理、八正道的管理、戒定慧三学的管理。现在的管理，也可以学习松下幸之助的管理法。当他管理公司一百名员工的时候，他自己身先士卒，以身教来领导员工一起打拼；当员工达到千人的时候，他和员工分层负责，共同打拼；当员工有了一万人的时候，他在员工后面合掌，感谢大家、祝福大家，这实在是深得管理学的三昧。

——《迷悟之间·管理学三部曲》

11

有流动的水才会清，人事常调动，对于职务就不会把持、眷恋，人事才会健全。所以，佛光山实行三年一调的人事轮调制度，借由调动的机缘，让大家多方学习。每任期三年，应以书面向常住辞职一次，如常住有需要，便可再续任。对于人事调派要欢喜奉行，因为我们所做的一切，都只是成就常住的一个因缘而已。

——《开示》

12

如何做好管理，有三个原则：

（1）用“情”管理：父母管儿女要有爱，老师管学生要能保护他，上司管部下也要给予关心。人心是肉做的，用爱、用情来管理，才能赢得人心；没有爱心，对方不服气，就难以管理了。

（2）用“理”管理：有时太重情爱的管理，无法折服对方，这时就必须讲究“理”。家庭有伦理，则长幼有序、尊卑有别、上慈下爱；职场有伦理，则上下和谐，做事有条理、计划，被管理的人也会心甘情愿地服从。

（3）用“法”管理：如果道理行不通，只得仰仗于“法”。所以，国家定有法律，甚至军有军法、商有商法、教育有教育法，只有法才能公平、平等地把人、事都管理好。

——《普门学报·佛教对“应用管理”的看法》

13

有些人从事管理，善以谋略在人我之间制造矛盾，然而一旦被人拆穿，就不易为属下所尊重；有些人从事管理，喜用计策先试探别人的忠诚，但是一旦被人识破，就不能为对方所信服。所谓“疑人不用，用人不疑”，最好的管理方式，是以己心来测度他情，以授权来代替干涉。

——《普门学报·佛教对“应用管理”的看法》

14

有道是想“多管人”，必须先“少管人”；想“多办成事”，必须先“少管点事”。我觉得最高的管理境界就是没有管理，所谓“没有管理的管理”，并非取消管理，而是能放手、能分权，使管理进入更高层次与境界。如我提倡的“三好运动”——做好事、说好话、存好心，如果大家都做好事，你帮我、我助你，则彼此相亲相爱；大家都说好话，则时时耳根清净；大家都存好心，则处处都有春风、有和平。如此，人人有秩序，有良善的道德，自然可以进入“无为而治”的管理了。

——《普门学报·佛教对“应用管理”的看法》

15

在管理时，我们常会跟对方说：“你都不听我的话！”“你都不接受我的意见！”其实，想一想，我们又何尝听自己的话？往往自己承诺的事情却做不到，所以与其说管人难，不如说有时候管自己更难。我们在管理别人之前，先要管好自己，所谓“身教重于言教，口说不如身行”，不言而教，是最好的管理。

——《普门学报·佛教对“应用管理”的看法》

16

我们要如何做好情绪管理呢？佛陀说了八万四千法门，就是为了对治我们的八万四千个烦恼，例如，以喜舍对治贪心、以慈悲对治愤恨、以明理对治愚痴、以乐观对治沮丧、以知足对治嫉妒、以信心对治猜疑、以真心对治虚妄、以谦卑对治骄慢、以感动对治不满、以发心对治懒惰、以反省对治不平、以惭愧对治蛮横、以包容对治狭隘，这些都是很好的情绪管理妙方。

——《普门学报·佛教对“应用管理”的看法》

17

身为现代领导人、管理者，应该具备以下几个条件：

（1）笑在脸上，赞在口上，怪在心里，气在肚里。

（2）宽以待人，严以律己，功归大众，过自承担。

（3）不计得失，不可畏缩，不能颓丧，不会顽执。

（4）顾全大局，倡导人和，上下交流，意见一致。

（5）发心服务，遵守诺言，居安思危，知己知彼。

（6）注意调和，照顾大众，善用机会，把握人生。

李萧锟　绘

星云语录

有道是想『多管人』，必须先『少管人』；想『多办成事』，必须先『少管点事』。我觉得最高的管理境界就是没有管理，所谓『没有管理的管理』，并非取消管理，而是能放手、能分权，使管理进入更高层次与境界。

（7）处事幽默，聆听报告，细心研究，双手合十。

——《普门学报·佛教对“应用管理”的看法》

18

做一个领导人，除要具备领导人的气质外，还要懂得领导之道：

（1）做一个领导人，要能讲能做：领导人要能说得到、做得到，如果领导者只知要求属下，自己却与所言相违背，则下位者必不服之。

（2）做一个领导人，要无怨无悔：领导人要有高瞻远瞩、乐观豁达的心胸，而且要有不怕困难的坚忍气度，要有全心付出的无悔态度。

（3）做一个领导人，要有慈有智：领导者除了要把公家赋予的责任确实执行外，还要有评估周遭情势变化的能力，以及决策谋划与处理危机的智慧。此外，对于属下的问题，也要以慈悲心来协助他们处理、解决。

（4）做一个领导人，要不私不傲：领导者不可存有私心，不能但凭个人的好恶，而对属下有不公的赏罚；更不能假公济私，将公器私用。应该要明是非、知荣辱，要有刚正不阿、不倨不傲、功成不居、遇事承担的勇气，如此才能获得属下尊敬。

——《星云法语·领导之道》

19

在统理大众上，“知人、育人、用人、留人”是身为领导者要具备的能力。知人首重了解各人长短，育人要懂得教导部属，用人要公平合理，留人要使之有前途。人有所长，必有所短，懂得用人之道，优秀的人才就会甘于为其所用。

——《普门学报·佛教对“应用管理”的看法》

20

知人善任是一个领导者应该具备的基本条件，因为人各有其才华、能力、特长、个性、好恶等。关于“知人之明”，有四点提供：

（1）要知这个人的“能”：主管要知道下属的能力所在，针对他的才能好好利用，给他空间发挥。

（2）要知这个人的“才”：人的才华，要从事实中去表现。有才不得施展，固然是个人的不幸，也是团体的损失。所以，对于有才华的人，主管要想办法让他发挥。

（3）要知这个人的“缘”：有时候，一个人虽然本身能力有限、才华也不高，可是他的人际关系很好，他所结的缘很广，懂得运用他的因缘关系也很重要。所以，一个善于用人的主管不但重视这个人自身的能力，还要懂得用他的关系、用他的因缘。

（4）要知这个人的“义”：我们用人，有时候，这个人虽然很聪明能干，但是他没有道义；有时候，虽然能力才华差了一点，但是他很讲义气，能用他的义气，这个人就有价值了。过去的管家，只要授权给他，他可以替你把产业、各种关系维系得很好，为什么？因为有义。所以，用人要用有义气的人，这也是知人之明。

——《星云法语·知人之明》

21

领导是一门学问、一项艺术，也是一种功德。领导者要能为大众谋求福利、要为大众减轻负担、要为大众计划未来、要为大众担当责任。领导的哲学，有上等、中等，也有劣等，这就要看领导者的能力如何。领导人的层次有四种：

（1）下等领导，尽己之能：下等的领导人，他径顾表现自己的长处，发挥自己的能力，把所有的事情都做了，忽略了团队合作的意义，不算高明，只能是一个下等的领导人。

（2）中等领导，尽人之力：如果一个领导人，他的心量如海，不拣粗细，可以“尽人之力”，也就是部属有什么力量都让他发挥出来，这是中等的领导人。

（3）上等领导，尽他之智：一位上等的领导人，他不但会让每个人的力量都用出来，还要把各人的智慧、才智都发展出来。

（4）高等领导，尽众之有：更高一层次的领导人，他能够“尽众之有”，让所有跟随他的大众，没有一个人不奉献自己的能力、智慧，甚至没有一个人不把自己的心统统都奉献出来。如佛门有谓“色身归于常住，性命付予龙天”，大家“群策群力”“群心交心”，彼此都肯交心，做起事来就会着力。“尽众之有”，这就是最高的领导层次了。

——《星云法语·领导人的层次》

22

身为主管者，是领导的中心，除了爱护部属、员工以外，也要健全自己，例如，包容的心胸、承担的勇气、决断的智慧、主动的精神，不看轻后学、不推卸责任、不疑心猜忌、不争相领导等。以此为行事准则，必能获得大众的拥护。

——《佛光教科书·实用佛教·佛教的伦理观》

23

向主管请示问题，在时间上要把握好；在空间上要懂得自己的前后位置、身份、上下；对于人际关系，要懂得相处之道，如此必能减少很多纠纷。

——《星云日记》

24

主管分有四等：

一等主管：关怀员工，尊重专业；

二等主管：信任授权，人性管理；

三等主管：官僚作风，气势凌人；

四等主管：疑心猜忌，不通人情。

身为领导者，能有知人之明，且能推心置腹的信赖、尊重，凡事多体恤、多包容，部属就会因为受到赏识、重用而心悦诚服，甚至萌生“士为知己者死”的忠诚。

——《普门学报·佛教对“应用管理”的看法》

25

员工与主管相处之道：

（1）被怪不生气。　（2）工作不拖延。

（3）指示不违逆。　（4）凡事不隐瞒。

（5）处众不特权。　（6）敬业不偷懒。

（7）积极不懈怠。　（8）往来不投机。

（9）做人不孤僻。　（10）做事不呆板。

（11）思想不陈旧。　（12）处世不极端。

——《佛光教科书·实用佛教·佛教的伦理观》

26

现今社会普遍存在劳资问题，在佛教经典《善生经》中，佛陀早已教导资方如何对待员工的方法：

（1）每呼使役，莫令过分。

（2）饮食以时，彼饥如己。

（3）劳动定时，有暇令息。

（4）病时与药，速令康复。

（5）多余财物，常应赐予。

佛陀慈悲，早就注意对待员工的问题，他的主张与现代的《劳动法》非常吻合。

——《佛教丛书·仪制·佛化家庭》

27

用人之道方法很多，身为主管，除了要懂得爱才惜才、量才适用之外，自己也要有用人的道德涵养，才能让被用的人敬重、佩服。用人之道有以下四点：

（1）要有和蔼的态度：身为企业主管，要想让属下欢喜你、接受你，最要紧的就是要有和蔼的态度、要平易近人，才能上下交流。

（2）要有谦虚的胸怀："满招损，谦受益。"做人谦虚一点，才能受人尊敬。所以，一个成功、伟大的主管，对待属下必然懂得虚怀若谷，谦虚以对。

（3）要有纳言的美德：一个会用人的主管，不但要鼓励属下有声音，赞许别人有意见，而且要懂得"择其善言而从之"。

（4）要有容人的雅量：一个人的事业有多大，就看他的肚量能容纳多少；一个人的人缘有多好，也要看他的肚量有多大。所以，一个主管能有容人的雅量，才能与属下水乳交融，才能获得人望。

——《星云法语·用人》

28

如何做个称职的幕僚：

（1）对主管周遭的人、事、物，要关心了解。

（2）时时提供主管相关的数据、讯息、作品等，有事请示只要让主管“摇头”或“点头”即可。

（3）人事上要替主管照顾周全，如召见、慰问、洽公等，规划主管休息时间、保护主管的秘密、树立主管形象。

（4）替主管网罗人才。

（5）不受小惠或搞小圈圈。

（6）品德要比主管好，尤其是口中有德。

——《星云日记》

29

无论是企业主和员工，甚至我们与人交往做朋友，彼此之间要能互相感动。我们做人好不好，计算一下就知道，如一天当中，我做了几件让人感动的事情，说了几句让人感动的话语，把它记录下来。同样地，对于别人所做的事、所说的话，我有多少的感动。记得越多，表示越成功。

——《管事与管人》

30

“给人信心、给人欢喜、给人希望、给人方便”，这十六个字，不只是佛光人的工作信条，也是领导者必须谨记在心的。能“给”，代表心中有无尽的能源宝藏；肯“给”，才是一种宽宏无私的度量。不过，许多主管喜欢部属言听计从、毕恭毕敬，甚至以磨人为乐，借此展现自己的权威。其实，领导者能融入大众、以身作则是非常重要的。

——《普门学报·佛教对“应用管理”的看法》

31

给，是管理学上一个很重要的关键，倒不一定是给名、给利、给升官，而是另外一种，给他一点信心、给他一点希望、给他一点欢喜、给他一点尊严。

——《管事与管人》

32

人，是需要鼓励的。一般人做事，在鼓励之下都会有事半功倍的效果，所以学生读书，要用鼓励代替责备；军队作战，也要犒赏三军，鼓励士气。甚至学生需要老师鼓励，老师也需要学生的鼓励；儿女需要父母鼓励，父母也需要儿女的鼓励。如何鼓励呢，兹举如下：

（1）用口头鼓励。　（2）用肢体鼓励。

（3）用奖状鼓励。　（4）用奖品鼓励。

（5）用旅游鼓励。　（6）用提拔鼓励。

李萧锟　绘

星云语录

给，是管理学上一个很重要的关键，倒不一定是给名、给利、给升官，而是另外一种，给他一点信心、给他一点希望、给他一点欢喜、给他一点尊严。

（7）用记功鼓励。　　（8）用刻碑鼓励。

——《星云法语·鼓励》

33

由于我懂得利用“零碎时间”，所以，无论是坐火车、坐汽车、坐飞机、坐轮船，无论要花费多少时间，路程多么曲折辗转，我不但从未感到时间难挨，反而觉得是席不暇暖的弘法生涯中最大的享受。我常说：“公路、天空是我的床铺，汽车、飞机是我的餐厅，一本书和膝盖是我的书桌，一支笔是我所有的动力。”过去几十年，我南来北往，乃至国内外来回，一点都不觉得浪费时间。局限的空间里，正是我思考、写作、用功的最好时光！

——《普门学报·佛教对“应用管理”的看法》

34

会运用时间的人，他的时间是心灵的时间，因为能够纵心自由、达古通今，所以他的生命展现了泱泱宇宙的全体大用。不会运用时间的人，他的时间只是钟表刻度的时间，由于受到钟表指针的支配，一小时不会多、一分钟不会少，因此他的生命浑浑噩噩而渺小有限。

——《普门学报·佛教对“应用管理”的看法》

【注释】

① 四无量心：佛菩萨为普度无量众生，令离苦得乐，所应具有之四种精神，分别为慈无量心、悲无量心、喜无量心、舍无量心。此四无量心的实践，能降伏我们内心的贪、嗔、痴、慢等烦恼，体证菩萨无量无边的境界。慈无量心应用在生活上，就是给人信心；悲无量心应用在生活上，就是给人希望；喜无量心应用在生活上，就是给人欢喜；舍无量心应用在生活上，就是给人方便。

② 四摄：指菩萨度众之时，所运用的四种权巧方便法门，视众生根器、喜好的不同，令之转迷成悟，分别为布施摄、爱语摄、利行摄、同事摄。

③ 六度：为菩萨成就佛道所实践之六种德目，即布施、持戒、忍辱、精进、禅定、般若。此乃人生的善法，佛教道德生活的规范。

忍是一种担当，退是一种涵养

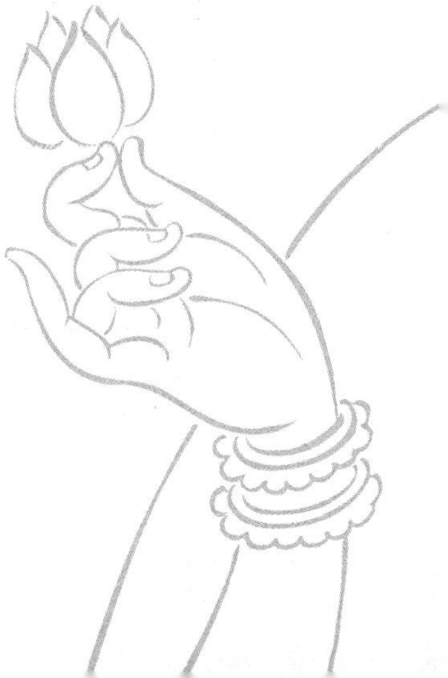

1

一个人处世能够做到“不说人非，不辩己是”，进而“扬人善事，隐人往恶”，必能广结善缘、积聚功德，如此，人生的旅途必然走得更平顺。

——《星云法语·处世哲学》

2

每个人都希望能事业有成，如何做到呢，以下四点可以给我们启示：

从合群中广结人缘，从工作中发挥热忱，从节俭中乐于喜舍，从勤奋中创造明天。

——《佛教丛书·仪制·佛化家庭篇》

3

世间上的许多争乱，最根本的原因是人人自我中心太强，每个人一味希望大众为我，把自己重要化，凡事只要我快乐，不惜把快乐建筑在别人的痛苦之上。其实学佛的人，要重新以佛法来净化世间，心中存着“你大我小、你乐我苦、你有我无、你好我坏、你重要我不重要”的念头，退让一步，不但自己能安身立命，而且在大众里也能和合无诤、随喜无碍。凡事以大众的利益为前提，自然能促进社会的和谐。

——《人间佛教系列·宗教与体验·我的宗教体验》

4

在人间，不论是上司与部属、父母与子女、老师与学生，或是朋友同侪之间，若想获得对方的尊重与爱护，达到人际关系的圆融，首先应该学习爱语布施，这就是观世音菩萨的“一心称名”。人与人之间唯有至诚赞叹，“口中有你，心意诚敬”，双方才能心意相通，圆满融和。

——《佛光教科书·佛教与世学·佛教与管理》

5

人生在世，难免有委屈与艰难困苦之处。大多数的人，在面临这些逆境时，都习惯于嫌别人不好：警察不好，多管闲事；老师不好，没有认真教学；学生不好，不肯用功读书；上司不好，不照顾部属；职员不好，不认真工作……世界上的好人，究竟都到哪里去了？只要对别人的指摘转化为对自我的检讨，一切从要求自己做起，我们的人际关系就会马上改观，而觉得人人皆有他的特长，个个都有善良的一面。

——《人间佛教系列·禅学与净土·净土思想与现代生活》

6

佛教很讲究人际的相处之道。有很多人之所以感到苦恼，都是由于人际间的不协调所致。想协调人际间的关系，行四摄法是最好的法门。所谓四摄法，即布施、爱语、利行、同事。不论我们布施的是金钱、财物，或力量、言语，都能令别人感到欢喜，而利于彼此的往来。说赞美他人的话、做有益他人的事、表示与对方是平等地位而和平相处，都是处世接物的妙方。

——《人间佛教系列·佛教与生活·生活与信仰》

7

人与人相处，要懂得“跳探戈”，你进我退，我进你退，彼此心照不宣。尤其对于一些难以相处的人，更要“有知无言”，凡事心知肚明，但不说破。因为不管你说好说坏，到了对方耳中，都会变了质，所以最好不说，静观其变，这是处难处之人最好的方法。

——《星云法语·处事四智》

8

人与人之间如果关系良好，相助相成，这是很大的福分；如

李萧锟　绘

星云语录

人与人相处，要懂得『跳探戈』，你进我退，我进你退，彼此心照不宣。尤其对于一些难以相处的人，更要『有知无言』，凡事心知肚明，但不说破。因为不管你说好说坏，到了对方耳中，都会变了质，所以最好不说，静观其变，这是处难处之人最好的方法。

果相嫉相斥，则痛苦不堪。人我之间，重要的是相互尊重、包容、谅解、帮助，如果有一方不能体谅，必然会发生问题。人之所以会有纷争、不平，就是因为“你、我”的关系不协调。因此，想要获得和谐融洽的人际关系，唯有把“你”当作“我”，你我一体、你我不二，能够将心比心、立场互换，才是群我的和谐相处之道。

——《普门学报·人间佛教的蓝图》

9

人与人之间应该以和为贵，尤其国家和国家之间，和平更是可贵。从历史的教训中，可以看出多少残酷的战争所造成的悲剧。如果大家都能提倡和平，就能化悲为喜，造福社会大众。

——《星云法语·如何健全自己》

10

人与人之间所以会有纷争，就是因为“你”“我”的关系不协调。如果将人与人互换立场，彼此将心比心，甚至把“你”和“我”看成是一体，“你”“我”的关系是荣辱与共、休戚相关，是同甘共苦、不分彼此的，即所谓“无我相，无人相，无众生相，无寿者相”，如此就不会有人我的纠纷与不满了。所以，“你我一体”的心，叫作禅心；“你我相融”的心，叫作禅心。

——《星云法语·何谓禅心》

11

我们常抱着你是好人，我是坏人；你是对的，我是错的；你很伟大，我很渺小；快乐给你，苦恼给我；富有让你，贫穷我受的态度，尊重对方，处处为对方着想，必能获得对方由衷的敬爱，减少许多不必要的争论。因此，爱护别人，其实是爱护自己；尊重他人，是自我尊重。胡适之说："要怎么收获，先那么栽！"你种下恭敬、忍耐、服务他人的种子，自然能收到受人爱戴、敬重的果实。

——《星云大师讲演集·如何增进人生的幸福》

12

很多人常有怀才不遇的慨叹，恨天恨地恨别人，怨别人对不起自己、怪别人对自己不好，这是因为不知反省自己不是一条龙，不是一只虎，其实只是一个普通人。学禅的人，要懂得修正恶习。只要一转念，和气慈悲待人，就能旋乾转坤，人人都会接受你，乐意与你相处。

——《星云说偈》

13

人我是非只是一种过渡时期的心态问题，时间一过、环境一变就不一样，故不要太着意而起烦恼。

——《星云日记》

14

对不欢喜的人要忍耐、不习惯的环境要适应，每个人应依需要而懂得调适自己的舞台。每到一个新的地方必定有新的挑战，对我好不好、有利没有利都不重要，重要的是在自己岗位上如何去成就大众。

——《星云日记》

15

有什么方法，可以和异己者团结？委曲求全、谦虚、低下、热忱、主动地跟对方沟通，是团结的方法。

——《星云日记》

16

有的人能同甘不能共苦，有的人能共患难不能同享富贵。真正的好朋友，要能同甘共苦，自己有了快乐，要懂得分享给对方；当对方获得了功名、财富、荣誉，成就了好事，我们也要真心地祝福，同享荣耀，千万不能嫉妒、障碍。懂得分享快乐，人生何等美好。

——《星云法语·处事之弊》

17

人生相逢即是有缘，人与人在一起，能够投缘固然很好，不能彼此相应契合，也要懂得应机以对。

懂得“对机”即“能和”，有四点说明：

（1）遇刚直之人耐他锐气。

（2）遇浮华之人耐他妄气。

（3）遇敦厚之人耐他憨气。

（4）遇傲慢之人耐他浮气。

——《星云法语·对机能和》

18

文喜禅师于五台山不识文殊菩萨、梁武帝不识达摩祖师，都是由于不识人而错失请法的善因缘。所以，懂得识人很重要。能够识人，就有助缘。如何识人呢？看他的心量大小、看他的品格高低、看他的智慧有无、看他的能力强弱。

——《星云法语·如何识人》

19

人皆有所长，也有所短，因此人和人相处，要观德，莫观失。如能够取其长而用，恕其短而容，则世上没有不可用之人。

关于“取与恕”之道有六点：

（1）取人之憨，恕其痴愚。

（2）取人之朴，恕其笨拙。

李萧锟　绘

星云语录

人生相逢即是有缘，人与人在一起，能够投缘固然很好，不能彼此相应契合，也要懂得应机以对。

（3）取人之介，恕其执着。

（4）取人之敏，恕其疏失。

（5）取人之辩，恕其放肆。

（6）取人之信，恕其拘谨。

——《星云法语·取与恕》

20

人生处世，离不开人。如何处世，才能事事顺利，必先了解人性，懂得处人之道，则处世不难矣！处世之道，有以下四点：

（1）以言语讥人，取祸之大端：一个有道德的人跟人讲话，绝不会用语言去讥讽别人。口讥讽人，犹如“逆风扬尘，尘不至彼，还坌己身”。

（2）以度量容人，集福之要领：一个人待人宽宏大量，不计别人的小过失，这是厚道之人，必得人望，自然不会得罪于人而能远祸。

（3）以势力折人，招尤之未远：有的人位高权重，习惯用势力去折服别人。有朝一日，一旦失势，别人必定会找机会报复。所以，以势力折人，必定招致未来不幸的后果，不可不慎。

（4）以道德化人，得誉之流长：我们不管跟任何人相处，须以道德为本。说话，要说有道德的话；做事，要做有道德的事；跟人合资经商，合伙事业，要把道德摆在前面。如此，不但能远离过失，日久必定善名美誉，源远流长。

——《星云法语·处世之道》

21

所谓人脉关系，要积聚许多因缘，平时你有慈悲道德，给过别人许多因缘，让人家亲近你、佩服你，彼此有了深厚的交往，这才能说是人脉关系良好。人脉关系应从恭敬中建立、从谦虚中建立、从知识交流中建立、从“君子之交淡如水”的感情来往中建立。

——《迷悟之间·人脉关系》

22

今天的时代已不完全是靠人脉关系就可以立足的，更重要的是，要靠自己的实力。有人没有实力，难以开展；即使没有人脉，只要自己有实力，凡事还是能够左右逢源，水到渠成。

——《迷悟之间·人脉关系》

23

做人要对上不欺天、对下不欺人；对内不欺心、对外不欺世。

——《星云法语·处事之弊》

24

做人要树立自己的形象，形象的树立，就是从平时待人处事给人的观感累积而来。平时种什么因，日后必然收成什么果，所以欲得好的形象，就应该慎于行事。

——《星云法语·处事之弊》

25

做人向尊长谦恭是本分，向平辈谦虚是和善。一个人能够对人谦虚、恭敬而不傲慢，一定能留给人温和、有礼、慈悲、亲切的好印象，并且乐于亲近、敢于亲近。所以，能以谦恭、柔和待人，自然可以广获善缘。

——《星云法语·待人四不》

26

别人就是自己的一面镜子。聪明的人可以从别人的错误中，纠正自己的错误；智慧的人可以从别人的经验中，丰富自己的经验。别人是我们的镜子，也是我们的龟鉴。

——《星云法语·镜里人生》

27

做人做事要能有不变的原则及随缘的方式。所谓不变，就是在面对与道德、信仰、慈悲有关的事时，原则不可变更；事务性的事则可随缘，不但随缘还要随喜，更要随遇而安、随心自在。

——《星云日记》

28

我们做人，不妨像一朵花，多给人一些欣赏、一些芬芳、一些气质、一些美感。怕的是做人像一根刺，逢人伤人、遇事害事。修道者要做灵山会上的那一朵花，给人喜悦。禅，就是一朵花，喜悦芬芳。

——《星云说偈》

29

世间有形的东西，我们都带不走，只有无形的“业”带得走。所以，做人不要太愚痴、不要贪图一时的房屋、财产、衣饰，这都是倏忽消失的因缘，很快就属于别人了。我们要寻求真实不变的因缘，不要被虚假的世相迷惑，找到自己清明自在的本性最要紧。

——《星云说偈》

30

世间上的事，不要认为都很艰难困苦，自己本身要有佛法、信心。能帮助自己，为自己解决问题者，还是自己。“靠山会倒，靠人会老”，不要寄望于别人的帮助。人只要有信心，自然就会有力量。对人事上的不平、语言上的伤害，或是加之于我们身上的委屈，只要承受下来，就会增加内在力量。所以，我一生越受到挫折压力，潜在力量就越能发挥出来。

——《星云日记》

31

人做事会起冲突或计较，往往由于没有文字记录往来，才会在语言上有口角。在医院有一项很值得学习，凡事凭记录（病历）而不凭口头上的言语，不仅实在，也可减少传达间的误解或会错意。

——《星云日记》

32

有人的地方就有事，有事必然有是非，是非虽然起于人我，只要我们懂得照顾自己的心，就不会被人我、是非所困扰。处事也要懂得以有限的生命来追求无限的永恒，能在横逆来时不怨不尤、在病苦来时不惊不怖、在讥谤来时不辩不苦、在荣宠来时不骄不慢。这就是禅心，这就是人间的佛教。

——《星云法语·处事禅心》

33

人生有“四不久长”：人我毁誉不久长、人情浓淡不久长、人世盛衰不久长、人心爱憎不久长。世情总在无常变化之中，我们要在这不久长的世事里，找到个人的安身立命之道。唯有认清、接受世间的无常之理，能从“诸行无常，诸法无我”进而获得“涅槃寂静”，这才是最重要的。

——《星云法语·四不长久》

34

人生最大的修养是宽容，别人或许有得罪、冒犯、对不起我们的地方，我们都能以宽容谦让之心待他，能以体谅、慈悲之心包容他、原谅他，如此，自然不会生起嗔恨、怨尤之心。

——《星云法语·待人四不》

35

人生有“四好之道”：若要身体好，饮食要吃少；若要人缘好，诚恳莫骄傲；若要家庭好，关怀最重要；若要事业好，勤劳来创造。“四好之道”是提升生活质量的方法，除此之外，平时若能进一步地去关心他人、服务社会、奉献人群，如此不但能组织美好的家庭，更能建立安和的社会。

——《星云法语·四好之道》

36

想得开、看得破，这就是豁达的人生！弥勒不被布袋所拖累，金璧峰不为玉钵所拘囚，乃至赵州不受赵州茶的操纵，云门不受云门饼的牵绊，万事能够放下，那是何等逍遥自在的人生啊！

——《迷悟之间·豁达人生》

37

禅门的人生观，好像皮箱一样，有时候，要提得起；有时候，要放得下。当提起的时候提起，当放下的时候放下。而没有禅慧的人生，当提起的时候不提起，当放下的时候不放下；当放下的时候反而提起，当提起的时候反而放下，那就“差之毫厘，谬以千里”了。

——《开示》

38

人到世间上来，不是为苦恼而来的，所以不能天天板着面孔。伤心、烦恼、失意，这样的人生毫无乐趣可言。金代禅师说：“不是为生气而种兰花。”我们也应该为自己的人生创造一个乐观、积极、进取、欢笑、喜悦的个性，快乐地在人间做人，远离忧愁、悲伤、苦恼，如此，活在人间才有禅意、才有价值。

——《星云法语·如何做人》

39

现在一般人都缺乏忍耐的力量，一点小事就动口相骂，甚至拳脚相向，使得社会弥漫一股暴戾之气。我们要有忍耐的力量，忍一时之气，风平浪静，忍耐是勇者的象征。

——《星云法语·如何健全自己》

40

要经常自我审察，看看自己的心念言行，自己的身口意三业是否清净，才能自我健全、自我提升。此外，还要懂得“审人”，对于身边所相处的人，是善是恶、是贤圣是不肖、是好人是坏人、是否值得学习交往，也要有所认识，才能自我保护、自我成长。

——《星云法语·审人》

41

现代人普遍患有浮躁不安的通病，终日恓恓惶惶，不知生活的目的为何。如果能每天有一点宁静的时间，透过禅坐思惟观照，必能涤清尘虑，引发智慧，明白人生的去向。

——《星云法语·治心之道》

42

人要有自律的意识，才能自重、自省，才会清廉、守法。所以，为人要时时警诫自己，莫存非分之想、莫做无益之事、莫说虚妄之言、莫交不义之人。

——《星云法语·莫字诀》

43

生而为人，除了有生老病死、爱别离、怨憎会、求不得、五蕴炽盛等八苦以外，我与境、我与事、我与心，甚至我与人的不协调，都会产生身心的各种苦。例如，听不顺别人的一句话、看不惯别人的一个作风，就觉得很难忍受。其实面对各种不顺己意

李萧锟　绘

星云语录

现在一般人都缺乏忍耐的力量，一点小事就动口相骂，甚至拳脚相向，使得社会弥漫一股暴戾之气。我们要有忍耐的力量，忍一时之气，风平浪静，忍耐是勇者的象征。

的境界，要能容他、化他，而不要有怨。因为越是怨恨，只有苦上加苦，所以忍难忍之苦，要有容无怨。

——《星云法语·处事四智》

44

为人处世，不必患人之不重己，而应患己之不重人。为人只要能坚守自己的本分，不使道德修养、人格操守有亏，自然会获得别人的重视。所以处世应戒：傲者恶之魁，故为人勿傲；诈者德之贼，故处事勿诈；谄者行之丑，故接物勿谄；虚者言之浮，故言谈勿虚。

——《星云法语·处世四戒》

45

很多时候，我们会很轻易地就去责备别人这个不好、那个不行。其实真正轮到自己，又如何呢？

——《星云法语·镜里人生》

46

待人厚道是美德，令众人爱敬；待人刻薄是缺德，令众人厌恶。一个厚道的人，在道业上能够养深积厚、在人际间能够广结善缘、在事业上更能得道多助，所以厚道才能成事。

敦厚为人有四点，即：

（1）不责人小过。

（2）不发人隐私。

（3）不念人旧恶。

（4）不计人得失。

——《星云法语·敦厚为人》

47

待人之道，就是要有权巧方便去因应、要有慈悲智慧去对治。关于对治的方法，有六点意见：

（1）人好刚，则我以柔胜之：与人相处，当对方气势高涨、态度强硬的时候，何妨“以柔胜之”。只要我们和气、安忍，则“柔能克刚”“能忍自安”。

（2）人用术，则我以诚感之：有的人好用权术、好使计谋，对于这种人，我们不能跟他一样用权使计，因为尔虞我诈的结果，不但伤神，而且伤感情，不妨以诚心对待，日久必能感动他。

（3）人使气，则我以理屈之：有的人好意气用事，动不动就生气，最好能以理来屈服他。所谓“有理走遍天下”，理必然胜于雄辩，有理才能站得住脚。

（4）人行妄，则我以真待之：尽管别人对我妄语相欺，我还是要以真诚对待他。所谓“真金不怕火炼”，唯有真心待人，友情才能持久。

（5）人多恶，则我以恩对之：有的人对人常怀恶心，不怀好意，如果我也“以其人之道，还治其人之身”，彼此就是半斤八两。因此，尽管对方行恶，我要施恩于他，能够以善心待人，就是施人最大的恩惠。

（6）人喜变，则我以定处之：有的人做事如风向球，随风转动，变化不定。人喜变，则我以定处之，懂得以不变应万变，才不会乱了方寸。

——《星云法语·对治之方》

48

佛法能提升我们人生的幸福，而佛教追求幸福的方法，不容易为一般人所接受，以为佛教总是教人吃亏、忍辱。佛教告诉人们要奉献、牺牲，和有些宗教获取、要求的思想大异其趣，因此，见弃于浅见之徒。实际上吃亏就是占便宜，在忍让之中有奥妙的道理。

——《星云大师讲演集·如何增进人生的幸福》

49

给人欢喜，就是给自己欢喜。有时候嘴上说两句好话，是随口的欢喜；帮别人做一点事、指点一条路，是随手的欢喜；别人做好事、做功德，我没有力量做，没有关系，用微笑来随喜；甚至口不会说、脸不会笑，但是看到你做好事，我打心底喜欢，都是随喜的欢喜！

——《星云大师讲演集·佛教对心理病态的疗法》

50

处世八法：

（1）亲切：人和人见面，为了表示亲切，微笑、点头、握手，甚至说上几句问候的话，都能让人感受到我们的亲切。

（2）礼貌：对人礼貌，就表示关心、尊敬，让对方觉得我们重视他。

（3）和谐：与人共事、出游或相处，最重要的是和谐。和谐要从语言上的谦让、事业上的协商，让对方感受被尊重，则彼此共事来往，就不为难了。

（4）恭敬：所谓“恭敬”，要尊重对方的发言、尊重对方的辈分、地位、意见。

（5）帮助：人和人往来，彼此互相帮助，是处世的不二法门。

（6）友谊：懂得从处世中争取别人的友谊，将来交往共事，就不会感到为难了。

（7）喜舍：做人处世不可一毛不拔，处世圆融的人懂得喜舍。

（8）理则：做人处世，并非完全没有理则，处世当然要有不变的原则，但也要随缘应变。例如，彼此不计较、不比较，不用语言伤害对方、不用态度轻视对方，真诚来往，谦虚礼让，就是处世之妙。

——《人间万事·处世八法》

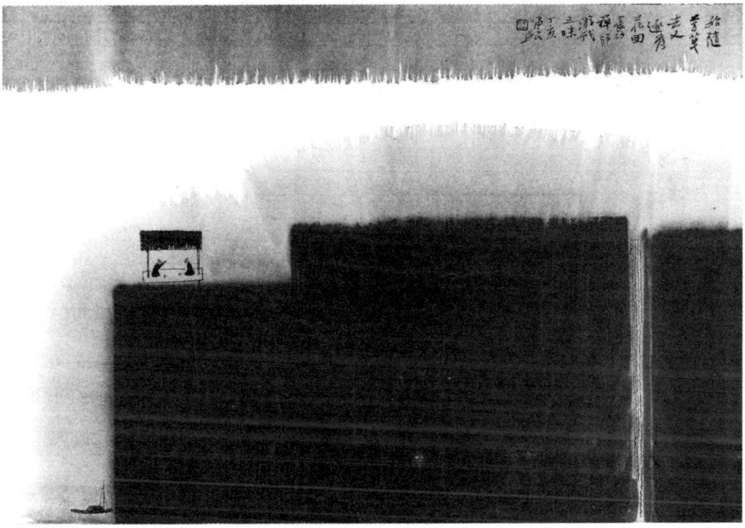

李萧锟　绘

星云语录

给人欢喜，就是给自己欢喜。有时候嘴上说两句好话，是随口的欢喜；帮别人做一点事、指点一条路，是随手的欢喜；别人做好事、做功德，我没有力量做，没有关系，用微笑来随喜；甚至口不会说、脸不会笑，但是看到你做好事，我打心底喜欢，都是随喜的欢喜。

51

所谓“家家弥陀佛，户户观世音”，阿弥陀佛悲悯众生的罪障深重，发下四十八大愿，容许众生带“业”往生极乐；观世音菩萨不嫌娑婆浊恶，倒驾慈航，寻声救苦。由于他们的慈悲包容，所以佛教徒纷纷将家里最好的位置让出来供奉。因此，唯有包容众生的一切长处、缺点、创伤、挫败，我们才能拥有全部的众生。

——《当代人心思潮·尊重与包容》

52

“人非圣贤，孰能无过？过而能改，善莫大焉。”没有人喜欢犯错，而犯错也并不尽然都是坏事，如果当事者能力求改正，错误往往是成功的奠基石。所谓“严以律己，宽以待人”，对于自己的过失，固然要严厉苛责；对于他人的错误，则应以宽容的耐心，给予改正的机会，以权巧的智慧规劝、引导，令生正确的见解。对于他人的错误，我们若能自他互易，立场调换，以包容代替埋怨、以谅解代替厌恶、以鼓励代替责备、以慈爱代替呵责、以关怀代替放纵、以同事代替隔阂，我们的社会必定能够更加进步，我们的生活必定能够更加美好。

——《当代人心思潮·尊重与包容》

53

扬汤不能止沸，以恨更不能消恨。面对不如意的人事，我们唯有以无缘同体的慈悲心、自他不二的平等心来包容对方，才能化解干戈、消弭怨怼，赢得更多的敬爱，获得美满的人生，也才能在现世生活建设一片净土。

——《当代人心思潮·尊重与包容》

54

应用人我无间的雅量，包容异己的存在；用净秽不二的悲心，包容伤残的尊严；用怨亲平等的智慧，包容冤仇的伤害；用凡圣一如的认知，包容无心的错误。如果大家都能以尊重的态度敬业乐群，以包容的心胸广利众生，转娑婆为净土将是指日可待之事。

——《当代人心思潮·尊重与包容》

55

我们的心量能包容多少，就能够完成多大的事业。如果我们能够包容一家，就可以做一家之主；能够包容一市，就可以做一市之长；能够包容一国，就可以做一国之元首；能泯除一切对待，包容整个法界，就可随缘应现、逍遥自在，成为法界之王。

——《当代人心思潮·尊重与包容》

56

任何的赞美、恭维，都不及在苦难时承受到别人的关怀，因此做人要不吝将慈悲、关怀给人。

——《星云法语·待人四不》

57

一个人若老是轻易拒绝一些因缘、机会，久而久之自然就会失去一切；反之，不轻易排斥，而随顺一些因缘，则会拥有更多的学习机会。

——《星云日记》

58

一个施恩望报的人，难免给人沽名钓誉之嫌；能够对人付出关爱而不望回报，才是真正的慈悲。

——《星云法语·待人四不》

59

有人问：如何才能有前途？答案就是“对人好”。所谓对人好，就是要帮助别人、赞美别人、包容别人。能够真心诚意地待人，广结善缘，自然就会有前途。

——《如是说》

60

有些人虽很发心，但因缘不够，所以难以成事。犹如播种，种子虽播在田里，但也要风调雨顺，才能丰收。如果相关的因缘不能具足，有因没有缘，如何得果？因此，学佛的第一步，就是要广结善缘。

——《如是说》

61

凡事不要先存着自己没有能力的心理，要抱持“做一分是一分，行一步是一步”的毅力，努力实践。“精诚所至，金石为开”，日久自然能有所成。

——《如是说》

62

自古就有“一言兴邦、一言丧邦”的明训，讲话确实是一门艺术，虽不是要每个人都能言善道，但至少要应对得体。如果能在责备的话里带抚慰、批评的话里带赞扬、训诫的话里带推崇、命令的话里含扶掖，抱着如此诚恳与平易的心境讲话，一定会到处有人缘。

——《佛教丛书·仪制·生活礼仪篇》

63

说话是一种很切实际的修行。菩萨度人常用布施、爱语、利行、同事的“四摄法”，引人进入佛法大海。其中，爱语正是懂得说话的技巧，能令听者心情愉快，充满喜乐；相对地，若口出恶言、妄语，却是引起是非烦恼的来源。所谓“良言一句三冬暖，

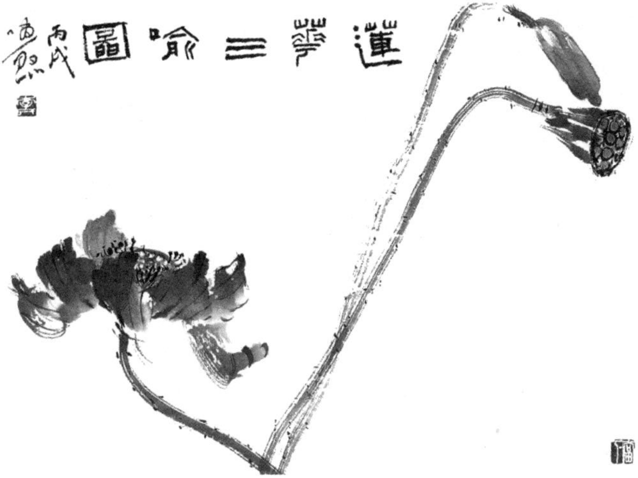

李萧锟 绘

星云语录

有人问：如何才能有前途？答案就是『对人好』。所谓对人好，就是要帮助别人、赞美别人、包容别人。能够真心诚意地待人，广结善缘，自然就会有前途。

恶语伤人六月寒”，因此，平时应多说智能的语言、慈悲的语言、喜悦的语言，并注意说话的礼仪。

——《佛教丛书·仪制·生活礼仪篇》

64

一个懂得说话的人，不会把语言当作攻击别人的武器，而能常说柔和、光明、和谐、正知正见的语言，给人希望和信心；一个会做事的人，不会以官僚之姿，处处阻碍他人、磨难他人，而能给人方便和欢喜，将利益回馈大众，将荣誉与大众分享。

——《如是说》

65

说话要说正派的话、善良的话、中肯的话。说话主要是让对方知道我心里是怎样的想法，以方便沟通，所以哗众取宠、举止轻慢、危言耸听、信口开河的话，尽量不说。

——《佛教丛书·仪制·生活礼仪篇》

66

学佛的目的，不是只为了吃素。吃并不是重要的问题，心意清净才是最重要的。如果满口的慈悲、仁爱，心里却充满着贪、嗔、邪见，即便终日吃素也无益。

——《普门学报·佛教对“素食问题”的看法》

67

成功失败，不在于风水、不在于命运、不在于神鬼，甚至不在于别人破坏；成功的条件，在于自身的健全。佛教言：“如是因，必得如是果。”没有经过春耕夏耘，如何能有秋收冬藏呢？因此，一个人之所以成功，必有成功的原因；之所以失败，也必然有失败的理由。成败之间，操之在我，能不慎乎！

——《迷悟之间·成败之间篇》

68

灵巧的人，一个问题来了，他一定会有第一、第二、第三、第四，甚至有更多的解决方案；灵巧的人，每走到一个地方，他一定会把东、西、南、北的空间方位都能了然于心。灵巧的人做事，他能关照到前、后、左、右，面面俱到；灵巧的人处世，他的心中会有你、我、他、人，不会自私。灵巧不是呆板，灵巧不是执着。灵巧的人会观照全局，处事周全；灵巧的人能善解人意，为人设想。凡事只想到自己的人，就是笨拙；凡事能处处体谅别人，就是灵巧。

——《迷悟之间·学习灵巧》

与其有乐于身，孰若无忧于心

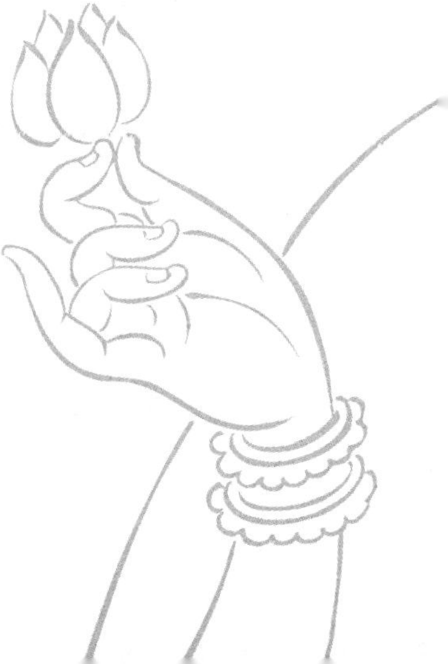

1

全球目前共同遭遇的问题有：战争的威胁、金融的危机、种族的冲突、生态的破坏、人口的老化，乃至高失业率、家庭暴力，等等。其实，世间上的天灾人祸，都是人类的共业所造成。一些看似不可抗拒的天灾，追根究底也都是源于人类的贪嗔无明。因为人类需索无度，不懂得善待地球，过度开发使用的结果，引起大自然的反击。所以，若想突破困境，解决世间的问题，唯有靠人类自我觉醒。针对全球问题，我提出以下四点意见：

（1）要达到世界和平，应先建立平等的观念。

（2）要推动生态环保，应先重视生权的提升。

（3）要消除种族隔阂，应先发扬慈悲的精神。

（4）要体现共生智慧，应先倡导缘起的思想。

——《普门学报・佛教对全球问题概观》

2

有人问我对世界和平的看法。其实，世界是永不会和平的，除非佛教普及，大家实践佛教里的无我和慈悲才能使世界趋向和平。除了佛教外，世界上的战争皆与宗教有连带关系。又如中文的“我”字，形状似兵器，能够做到无我，世界才会和平。

——《星云日记》

3

现代的世界由于交通便利、信息发达，国与国之间的界限日益淡化，种族与种族之间的距离渐渐缩小，可说是咫尺天涯、近若比邻，地球村的时代已经来临，所以每个人都应该学做一个地球人。如何做一个地球人呢：

（1）做一个平等的地球人：对于所有人等，能尊重爱护，没有纷争；对于不同种族，能用心平等，没有歧视；对于世界上大小国家，不管是强者还是弱者，能互通往来，没有排挤，体认万法缘生，彼此密切，才能做一个平等的地球人。

（2）做一个共生的地球人：每一个人都不能离开别人而存在，都无法离开因缘而独立。我们的衣食住行，随时随地都仰赖着社会大众的供应，生病时有医师疗护，学习技能知识，也要有老师、先辈教导。所以，我们要大其心、厚其德，认知大家是生活在同一个地球上，彼此互助合作、彼此心怀感恩，才能共生共存。

（3）做一个尊重的地球人：地球上的人类，虽然有男女老少、贫富贵贱的不同，虽然有人种、肤色、性情的不同，但是人格一样，都应该受到尊重。

（4）做一个包容的地球人：世界上遍布着众多的不同，举凡生活环境、民情风俗、语言文字、思维模式皆不同，但也因为各种不同，而展现世界多彩多姿的风貌。所以，人在思想上要建立包容的观念，才能将自己融入世界里。

——《星云法语·学做地球人》

4

两个人在一起，各有我执就不能和平；一个家庭若各有我执，如选举时每个分子所支持的对象不同，就会造成家庭纠纷；社会、国家若有太强的理念我执，就无法和平。去除我执，并非无我，而是从小我到大我、从私我到公我。

——《当代人心思潮·平等与和平》

5

在人类历史的长河里，种种改善虽然仅仅踏出自我的一小步，但只要大家肯持之以恒，在教育上，注重大悲力、宽容心的培养；在文化上，推展人我共尊、立场互易的美德；在社会上，发挥万法缘生、一多不异的真理；在处事上，消除我执，携手合作，以期从时间的共荣、空间的共荣，达到人间的共荣。那么，建立平等社会、达到世界和平将是指日可待之事！

——《当代人心思潮·平等与和平》

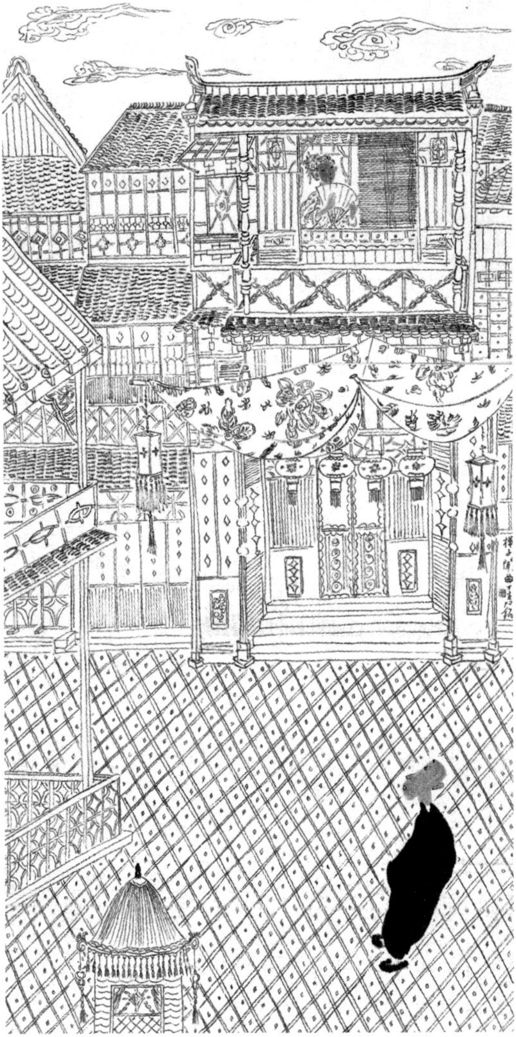

李萧锟　绘

星云语录

我们的衣食住行，随时随地都仰赖着社会大众的供应，生病时有医师疗护，学习技能知识，也要有老师先辈教导。所以，我们要大其心、厚其德，认知大家是生活在同一个地球上，彼此互助合作、彼此心怀感恩，才能共生共存。

6

儒家以“世界大同”为天下升平和乐的期望；孙中山先生以“天下为公”作为他草创民国的理想；佛教则以四生九有、法界平等的“天下一家，人我一如”的理念，建设人间净土。以“天下一家”为出发点，让每个人胸怀法界，成为共生的地球人，懂得保护自然、爱惜资源；以“人我一如”的同体观，自觉觉他，升华自我的生命，为自己留下信仰、为众生留下善缘、为社会留下慈悲、为世界留下光明。

——《佛光教科书·佛光学·佛光学的发展与方向》

7

我们见到一个身体残缺的人，若有我优你劣的心态，怎能达到平等的尊重？必须要想残障的是我，立场互易以后，自然心境就会不同。将社会上的丑陋缺失，看成与自己有关，自然不会排斥，自然会以慈悲胸怀、以平等观念去对待。所以，唯有人我互易、异地互惠的平等方式，才能和平共存。

——《当代人心思潮·平等与和平》

8

今日的社会因为缺少“同体平等”的认知，因此乱象迭起；当前的环境因为没有“共生慈悲”的观念，因此遭到破坏。我们要努力实践同体共生的理念，推动戒烟毒、戒色情、戒暴力、戒偷盗、戒赌博、戒酗酒、戒恶口的“新生活七戒运动”，净化社会人心。积极响应世界环保运动，不滥伐、不滥垦、不滥杀、不滥建、不滥丢，来挽救我们的地球。

——《当代人心思潮·同体与共生》

9

人，应该扩大自己的领域、扩大自己的世界，全人类应该把地球看作是一个地球村。大家要做一个地球人，在地球村里，共同和平生活，彼此携手合作，相互包容。

——《星云法语·地球人》

10

现在社会大众普遍有个共识，就是懂得美化的重要。不仅语言要美化、容貌要美化、环境要美化，我们的心更要美化。心灵的美化要靠慈悲，假如社会上每个人心中充满慈悲，那么杀、盗、淫、妄等事情，自然会减少，社会自然呈现出祥和、温馨的风气。

——《星云法语·如何健全自己》

11

我们取之于社会，就必须有所回馈，用之于社会。我们要用自身的灵巧、智慧，为社会勾画出一幅彩色的图，让人间充满欢笑、安乐。比如，说几句好话，给一个笑容，点头打招呼，给人

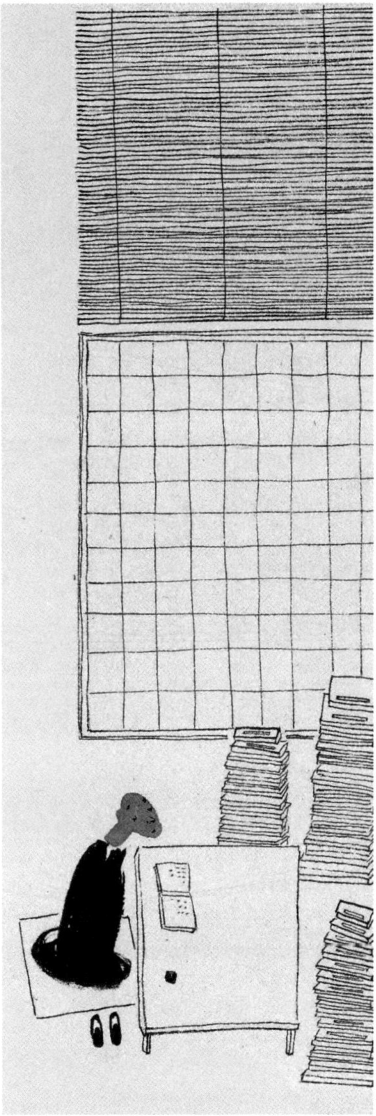

李萧锟　绘

星云语录

现在社会大众普遍有个共识，就是懂得美化的重要。不仅语言要美化、容貌要美化、环境要美化，我们的心更要美化。心灵的美化要靠慈悲，假如社会上每个人心中充满慈悲，那么杀、盗、淫、妄等事情，自然会减少，社会自然呈现出祥和、温馨的风气。

亲切的照顾，都可以为人间增添色彩。

——《星云法语·如何健全自己》

12

我们在生活里，把好和坏分得很清楚，把有和无、生和死也分得很清楚。所谓不二法门的世界，是生死、善恶、因果，都是不二的。现实的世界，“有”的时候很欢喜，“无”的时候很悲伤；但在《维摩经》里的世界，有和无都是一样的，“有”的世界固然很好，“无”的世界更好，因为无可以无限无量。另外，我们认为善的是好、恶的是坏，但是真正有修行的人，善的固然是好，恶的他也当作是一个借镜。所谓逆增上缘，恶人也能是一个善知识。

——《人间佛教系列·缘起与还灭·从现实的世界到理想的世界》

13

禅观的世界是渺小的，也是伟大的，“一花一世界，一叶一如来”。在禅观的世界里，一花一叶、一沙一石，都是无边的法界。所谓“须弥纳芥子，芥子藏须弥”①，一般人认为渺小的芥子都能藏须弥，所以禅者的世界里，既是渺小的普遍，也是伟大的包容。

——《星云法语·禅观的世界》

14

禅观的世界是生死的，也是涅槃的。生死是人生的实相，有生必然有死。一般人害怕谈死，其实死并不可怕，因为真正的生命是不死的，死亡朽坏的只是身体，我们的真如自性、法身慧命没有生死。所以，在禅者的境界里，生命是永恒不死的，永远在涅槃里。永远如如不动，这才是真实的生命。

——《星云法语·禅观的世界》

15

禅观的世界是刹那的，也是永恒的。在禅观的世界里，刹那不算短，劫波[②]不算长。所谓“一念三千”，刹那之间的一念，具足了三千大千世界，一刹那之间就是无量阿僧祇劫，就是永恒。因为在禅者的世界里，泯灭了大小、有无、长短、远近、你我、自他的对待；在禅者的世界里，一即一切，他把法界一切都融会贯通了。因此，刹那即是永恒，永恒也在我们当下的一念。

——《星云法语·禅观的世界》

16

不杀生而护生，进而倡导生权平等，这是最合乎现代举世所关心的生态保育，也是最积极的重视环保。因此，唯有唤起现代人的共识，大家共同重视生权的提升、共同保护环境生态，才能还给人类一个健康美好的地球与未来。

——《星云法语·本土化》

17

禅心与物境融摄无碍，大千世界充满无限美好的风光，涓涓的溪水是诸佛说法的妙音，青青的山岗是诸佛清净的法身。泯除了经验界“有无”的对待之后，禅的世界是多么地辽阔！

——《人间佛教系列·禅学与净土·谈禅》

18

三餐饭菜丰富，当感念得来不易；饮食简陋无味，学习佛门“咸有咸的味道，淡有淡的滋味”。受人尊重，我心谦虚；面对世态炎凉，何妨学习禅的“荣的由它荣，枯的任它枯”。

——《迷悟之间·美丽的世界》

19

尽管外在的花花世界是虚虚假假、争权夺名，只要我们内心的世界无风无浪、无花亦无香，自然会有韩愈所说“与其有乐于身，孰若无忧于心”的知足与自在。

——《迷悟之间·花花世界》

20

婚丧喜庆与我们的生活关系密切，佛教所谓修行，并非要人离群索居或如同槁木死灰，不参与世事。相对地，佛教希望世人借着婚丧喜庆的机缘，联系家族情感，为繁忙的工商社会生活，注入亲情的融合剂。因此，修行菩萨道的僧侣，当以出世之心做入世事业，服务广大的众生；在家的信众，则应将佛教的戒、定、慧用之于家庭、社会，改善周遭，美化世界。

——《佛教丛书·教用·佛教与礼俗规范》

【注释】

① 须弥纳芥子，芥子藏须弥：《虚堂和尚语录》卷六：“李渤问：‘须弥纳芥子，渤即不疑；芥子纳须弥，莫是妄否？’宗云：‘人传史君读万卷书，是否？’曰：‘然。’宗云：‘身如椰子大，万卷书着向甚处？’李公俯首而已。”

② 劫波：时间之义。

李萧锟 绘

星云语录

三餐饭菜丰富，当感念得来不易；饮食简陋无味，学习佛门『咸有咸的味道，淡有淡的滋味』。受人尊重，我心谦虚；面对世态炎凉，何妨学习禅的『荣的由它荣，枯的任它枯』。

做好事、说好话、存好心

【人生百事】

一、生活十事

1. 每天至少阅读一份报纸，了解时事；至少阅读一本好书，要做书香人士。

2. 生活作息要正常，思想行为要正派；早晚起居要定时，每日三餐要定量。

3. 养成运动习惯，每天至少走五千步。

4. 远离烟酒、色情、毒品，生活自治自律。

5. 惜福节俭，不乱用、不滥买。

6. 养成良好的习惯，不乱吃零食、不乱发脾气，这才是养生保健的方法。

7. 每日吃饭要三称念，居家饮食要五观想。

8. 八千里路云和月，生涯中，要有托钵行脚的经验，也就是自助旅行。

9. 在一生当中，应该有一至两次，将身边的物品全部送人，体会空无一物的境界。

10. 掌握时间、善用空间、和谐人间，三间一体，人生不空过。

二、立身二十四事

11. 人要给人利用，才能创造价值；人要学习活用，才能留下历史。

12. 因缘果报，不可不明；穷通祸福，不可不知。

13. 建立正知正见，不要人云亦云，不要被人牵着鼻子走。

14. 要建立自我的信心、自我的期许、自我的目标。

15. 人生至少要有三张执照，例如，驾驶（汽车、船只、飞机、火车）、烹饪、水电、会计、计算机、打字、医疗、护理、教师、律师、代书、建筑……

16. 一个人要会讲、会写、会听、会看、会想、会笑、会唱、会画、会做……全部都会最好，否则至少也要会得一半以上。

17. 做什么像什么，千万不可做什么不像什么。

18. 他物不贪、自财不吝，只要奋斗努力，一切自会随因缘而来；懒惰懈怠，煮熟的鸭子也会飞去。

19. 观察力要敏锐、周全、宽宏、圆满，还要有新思维、新想法、新观念、新作为，尤其想法要有一、二、三、四的内涵和层次。

20. 经常将欢喜、慈悲、荣耀、成就与人分享。

21. 不说是非、不传播是非、不计较是非，更不要为是非患得患失。

22. 懂得自律、自觉、自悟，具有恒心、毅力、乐观、勤奋，并且乐于结缘施舍，前途就有光明。

23. 能控制情绪，不随便跟情绪起舞，尤其行止要用理智决定。因为情绪是一时的，人生是百年的。

24. 人生要能计划时间、利用时间，不要虚度时间、胡混光阴。

25. 精进努力，奋起飞扬；不要留恋过去，要展望未来。

26. 凡事不一定要求助他人，先要求助自己；以身作则，可以决定一切。

27. 改变陋习，创造前途，不要等待机遇。

28. 要会找工作里的欢喜、快乐，还要会把欢喜、快乐传播给人。

29. 生气、发脾气不能解决问题，心平气和才能为人处世。

30. 宁可不聪明，不能不明理；宁可没有钱，不可以没有慈悲。

31. 该主动，不可畏缩；该思考，不要鲁莽。

32. 事无绝对的难易，努力，难者亦易；懈怠，易者亦难。

33. 去除私有的观念，把自己付与公理、公义、公平、公有。

34. 要有力量和智慧抗拒世间的诱惑，如财、色、名、利等，尤其不要用感情处理公事，应该要以道义、公平决定人事。

李萧锟　绘

星云语录

人要给人利用，才能创造价值；人要学习活用，才能留下历史。

三、处世十三事

35. 利益的前面，要能想到别人，不为利益而出卖别人。

36. 不称己善、不宣人过，人间诸事，都如过眼烟云。

37. 凡事只问是非，不问利害；是非是有定律的，利害是自私的。

38. 不为讨便宜而侵犯别人，甚至要让别人讨一点便宜。

39. 不要为逞己之快，而用口舌讽刺别人，要能给人欢喜、给人帮助、给人赞美，让人认同。

40. 不要为忌彼之好，而用计谋打击别人，要能尊重效法，随缘随喜。

41. 对事业要有计划、对金钱要会运用、对感情要能升华、对功名更要淡化。

42. 能随遇而安，随缘生活、随心自在、随喜而作。

43. 毁辱荣誉自然有之，一切要自我淡化，怡然自得。

44. 做人要厚道，随时给人留下转圜的余地；给人留有空间余地，才能适时善用，同时也是为自己留下日后的方便。

45. 对自己要能不忘初心、对朋友要肯不念旧恶、对好事要做不请之友、对社会要会不变随缘。

46. 要训练忍耐的力量，对于外境能够认识、接受、承担、负责、化解、去除，进而修学“生忍”“法忍”“无生法忍”，把忍的功夫转化成为力量和智慧。

47. 能承受外境加于自己的压力，而且不觉得有压力的存在，因为有压力，才会有动力。

四、群我二十事

48. 帮助别人，就是帮助自己；体贴他人，就是爱护自己。

49. 迁就他人善事，达成共识；重视民意，才有未来。

50. 处世要谦恭有礼、要谦虚受学、要委曲求全、要善解人意。

51. 待人处事要能柔和谦虚、慈颜爱语，要让他人如沐春风。

52. 处众要和谐、和气、和平；做事要勤奋、勤劳、勤快。

53. 待人以诚，人我尽欢；待客以尊，宾至如归。

54. 见面三句话，相处一回合，凡事要明理，平时多微笑。

55. 恭敬、赞美、包容，是待人处世的三部曲。

56. 欢喜时不多言，生气时不迁怒。

57. 要会听话，择取他人讲话的精华。

58. 凡事不要轻易说破，要懂得含蓄的美丽与高贵。

59. 责备的话要带抚慰、批评的话要带赞扬、训诫的话要带推崇、命令的话要带尊重。

60. 待人要诚恳、要热情、要有礼貌；说话要多说请、谢谢、对不起。

61. 对青少年要教育鼓励、对老年人要关怀照顾、对残障者要帮助辅导、对失意人要体贴规劝。

62. 关怀邻里亲戚朋友，彼此守望相助，和谐融洽。

63. 承顺奉养父母、亲翁、长辈，提携友爱初学晚辈。

64. 经常不求回报地帮助他人，多做一些好事，做人间善美的义工。

65. 闻善言要着意，而且要能不忘失，更不可做“非人”。

66. 凡事要合理，理是公平的、理是正直的、理是大众的。

67. 遇事要有反省的自觉力，不怨天尤人，须知凡事都有前因后果。

五、敦品十五事

68. 别人做好事、说好话，受人尊重，不要嫉妒，要心存效法。

69. 对好人要感谢、对受益要感恩、对善事要感动。

70. 经常做令人感动的事，别人的好心好事，自己也要能感动。

71. 能受委屈、能受冤枉、能受挫折、能受侮辱，然后才能受荣耀。

72. 人生要用苦行锻炼自己，十年苦行不为多。

73. 树立自己心中终身的偶像一至三人，并效法他。

74. 人生要有几位善知识做朋友，尤其得遇明师时要亲近随侍，忠诚而不违逆。

75. 放弃无理的执着，谦虚受教真理；谦虚才能受益，傲慢必定吃亏。

76. 找出自己最大的缺点，要有改变的愿力，切实执行。

77. 认错是最好的美德，也是最大的勇气。

78. 要把做过的错事记住，不断地自我警惕、自我提醒，要能“不贰过”。

79. 当要责备人的时候，先要检讨自己，对自己的功过要切实地审查，才能责怪别人。

80. 珍惜生命、爱护生命、尊重生命，不可伤害生命。

81. 不要让感情蒙蔽自己，不要为金钱出卖自己。

82. 学习吃亏，知道吃亏才是讨便宜。

六、修行十八事

83. 每日至少要静坐五分钟，或是每天读一篇《佛光祈愿文》。

84. 每周至少闭关半日，自我沉潜；每月至少素食一天，培养慈悲心。

85. 每日行三好：做好事、说好话、存好心。

86. 每天生活有七戒：戒烟毒、戒色情、戒暴力、戒偷盗、戒赌博、戒酗酒、戒恶口。

87. 深信正法，恒思诸善；诸恶莫作，众善奉行。

88. 承诺过的事一定要完成，所谓“君子一言，驷马难追”也。

89. 惭愧有所不知、有所不能、有所不净、有所不善，因为惭愧是我们的花冠。

90. 提起善美好事，放下忧悲苦恼，让自己的内心成为好的

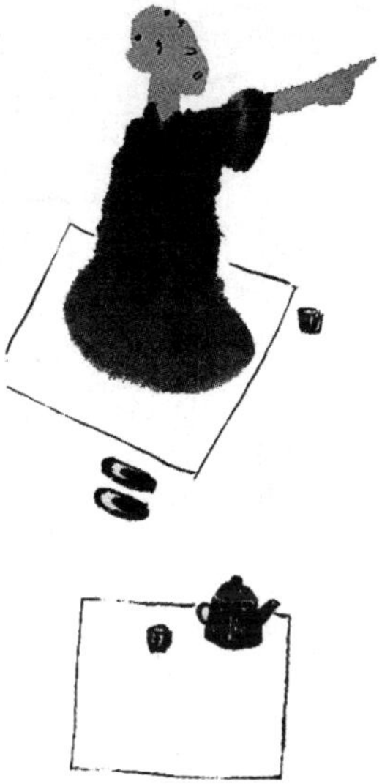

李萧锟　绘

星云语录

当要责备人的时候，先要检讨自己，对自己的功过要切实地审查，才能责怪别人。

工厂。

91. 不论身在何处，常为受灾难的人同情，甚至为他祈福。

92. 能给，才是富有；能舍，才有所得。

93. 随力、随分、随喜、随缘布施培福。

94. 器官捐赠，让生命再延续，让废物还有再利用的机会。

95. 要有你大我小、你有我无、你乐我苦、你对我错的修养。

96. 不猜疑人、不嫉妒人，成人之美、待他人好，就是功德。

97. 得失不计较，有无不比较。

98. 不要把忧愁传染给别人，不要把烦恼带到床上。

99. 要懂得改心、换性、回头、转身。

100. 要能知行合一，不要讲时似悟，对境生迷。

【人间佛教现代律仪】

一、僧信共遵（八类共八十条）

（一）社会律仪十事（政治、军事、经济、职业、处世……）

1. 政治是一时的，信仰是永久的；信众可以参与宪法中的政治活动，僧众只可“问政”而“不干治”。

2. 从事政治者，不贪污舞弊、不假公济私、不借势磨人、不欺压善良；不两面人格、两种手段、挑拨离间，否则非为真正信者。

3. 凡参政信者，要热心公益、造福人群，上台、下台皆应随顺因缘，不可贿赂官职、不可买票贿选、不可散发黑函、不可攻讦对手、不可用不正当的非法手段求取当选。

4. 任公职者，应以服务人民为目的，不可官僚、霸道，刁难民众；民意代表于国家厅堂问政，应以理相争，不可咆哮、打闹、取宠。

5. 无论僧信，不背叛国家、私通敌国、泄露国家机密、造谣生事，不陷国家于危机。

6. 经济生活要合于“正命”，不从事非法或杀生的职业，例如，贩卖军火、毒品、人口、假药，或从事屠宰、私酿、淫业、无照行医、制造及贩卖黑心食品等。

7. 要遵守职业道德，依法行事，不伪造文书，不泄露、不盗取商业机密，不勾结黑金，不掏空资金，不恶性倒闭，不强占侵吞，不求一夕致富。

8. 经商营业，应该童叟无欺，将本求利，不囤积居奇、不垄断市场、不哄抬物价、不偷斤减两。

9. 远离勒索拐骗、仿冒盗版、伪造诈欺、色情泛滥、散播网络病毒、回收厨余再贩卖等种种不法之行为。

10. 处世要诚信、待人要和睦，不处心积虑算计别人，不因妒忌而容不下别人，进而奉行“三好”运动，人人做好事、说好话、存好心，带动社会善良风气。

（二）居家律仪十事（衣食住行、伦理、亲子……）

1. 重视伦理、提倡孝道、居家和乐、上慈下孝、兄友弟恭、妯娌和睦、婆媳爱敬，即使至亲骨肉，也该相互尊重个人的生存权利。

2. 家中成员要主动从事家务，里外环境要打扫清洁，物品使用后随手归回原处，经常保持室内的空气流通、窗明几净、整齐明亮。

3. 个人生活崇尚简朴，养成清贫思想，衣、食、住、行等日常资用，但求朴素，不奢侈浪费、不追求时髦、不讲究或标榜名牌。

4. 尊重每一个家庭成员个体，尤其爱护老弱妇孺，避免家庭暴力或不伦诸事的发生。

5. 营造良好的居家质量，增加生活乐趣，提升精神层次。与小区、邻居要敦亲睦邻、守望相助；对独居长者要主动关怀、慰问。

6. 平时与家人谈话或观赏电视、影带，聆听音乐、手机铃声等，应轻声细语，切勿妨碍邻居的安宁。

7. 休假时，应减少不必要的应酬，多陪伴家人，共同参与有益身心的信仰活动，培养全家共同的休闲乐趣，如读书、下棋、运动。有事外出，要向家人说明去处及告知回家时间，以免家人挂心。

8. 客厅、厨房、浴厕等使用后，随手整理洁净，以方便他人使用。

9. 居家须注意火烛与门户安全，以免酿成意外灾害，自他受害。

10. 金钱的用度要有智慧，各种日常开支要有预算，如需借贷，应该酌量，即使好友，亦不宜共金钱往来，更不可经常在家呼朋作乐，以免干扰家人生活，等等。

（三）人事律仪十事（主雇、合伙、同事、朋友、亲属、士农工商之往来……）

1. 树立个人正直、勤劳、诚信、敦厚、善良、合群等良好形象，令人信赖。

2. 尊重别人隐私，不可窥人私密、不可揭人之短、不可搬弄是非。

3. 不可虐待劳工、不可剥削劳力，应该给予劳力大众合理的待遇。

4. 工作上应尊重制度，勤奋向上，乐观进取，培养责任感、荣誉心，尽量与人为善，尤其不以情绪做事，不轻言说“不”，以免阻碍学习、结缘的机会。

5. 发挥职业道德，不浪费公家所有；要保守公务和商业机密，不与不相干之人闲谈公务之事，尤其不可怨天尤人，发泄不满情绪。

6. 平常办公桌应收拾整洁，物品不可杂乱堆置，尤其要爱护公物，如护己有。

7. 接听公事电话要轻声，不可干扰别人的安宁；谈话须简明扼要，以免占线太久，妨碍他人使用。除非不得已，否则不宜滥用公家电话，作为私人之便；使用计算机，亦当如此。

8. 工作时，受了委屈不要生气，应做之事不可拖延，上级指示不应违逆，主动报告不可隐匿，敬业乐群而不偷懒、不懈怠、不孤僻、不怪异、不享特权、不投机取巧，进而思想要不断革新，道德要不时升华。

9. 主管应该爱护部属，要能倾听属下的意见，尤其要健全自己。如包容的心胸、承担的勇气、决断的智慧、主动的精神、不看轻后学、不专权执着、不疑心猜忌、不争功诿过，凡事与属下共荣共享。

10. 共事相处时，要相互尊重，分工合作，彼此谦恭礼让，不制造事端，以责人之心责己，以恕己之心恕人。

（四）生活律仪十事（语言、行为、人际、旅行、会客……）

1. 养成读书习惯，建设书香人生。

2. 勇于戒除不当嗜好、不良习气。

3. 生活作息要正常，三餐起居要定时，不乱饮食、不乱看病。

4. 僧众晨间不得迟于六时起床，信众不得晚于七时起床。

5. 晚间十时以后，不打电话找人闲聊，也不宜洽谈公事。拨打越洋电话，应该注意时差。偶有特殊情况，自当例外。

6. 拜访友人要事先预约，并且准时到达，停留时间不宜太久。

7. 出众威仪要端庄，不要蓬头垢面、衣冠不整，尤其不可奔跑跳跃、嬉笑喧哗、争先恐后、争抢坐处，乃至遥相呼笑、比手画脚、私下耳语，或在众中以方言对谈等。

8. 讲话要简明扼要，措辞要文雅有礼，不说绮语，不可两舌、恶口，尤其说话不可坏人信心，否则断人慧命，也是如同杀生。

9. 出门行车，要遵守驾驶礼仪，守法忍让，不可违反交通规则、不得乱鸣喇叭、不要制造噪音、不排放废气污染、不胡乱飙车。

10. 出国旅游，应该吸收当地文化所长，同时注意参访礼貌、重视公共道德，不可破坏个人和国家的形象。

（五）自然律仪十事（环保、生态、宠物、放生……）

1. 不可滥垦滥伐、不得侵占国土、不要违章建筑。

2. 不可任意弃养宠物、不做不当的放生，应该积极护生，尤其给人因缘、放人生路，就是最好的护生。

3. 不虐待动物、不食保育动物，尤其不可活吃动物，如活鱼数吃等，三餐尽量清淡，借以长养慈悲之心。

李萧锟　绘

星云语录

工作时，受了委屈不要生气，应做之事不可拖延，上级指示不应违逆，主动报告不可隐匿，敬业乐群而不偷懒、不懈怠、不孤僻、不怪异、不享特权、不投机取巧，进而思想要不断革新，道德要不时升华。

4. 不可滥杀、滥捕动物，如电鱼、毒鱼等不当的捕杀，不但破坏生态、污染水质，而且危害人体健康。

5. 不穿皮革、不以动物皮毛为饰物，如貂皮、虎皮、鳄鱼皮、孔雀羽毛、象牙等。

6. 爱护花草树木，不可随意采摘，进而要热心参与植树造林等绿化工作。

7. 实施垃圾分类，不乱丢废弃物、不任意燃烧有毒废料、不污染空气、不弄脏水源、不糟蹋大地，为普世人类留下干净美好的地球。

8. 日常资用，如水、电、衣食等，要节约用度，应知“滴水如金”“一纸需费多少竹木”，所以要珍惜能源，不可恣意浪费；对于公共设施，亦应珍惜，不可任意破坏。

9. 惜福即自我环保，如惜人、惜缘、惜命、惜情、惜财、惜时、惜物、惜能等，养成惜福的习惯，才是富有的人生。

10. 对于内心的尘垢，应该努力消除、转化；对于外在的污染，要唤起群体意识，共同爱护环境。身心净化，才是自我的成就。

（六）国际律仪十事（种族、人权、生权、战争……）

1. 国家人民要和谐，不营私弄权、不党同伐异、不制造分裂内乱、不计较前仇旧恨。

2. 种族要平等，不可故意挑起族群对立，对少数民族要尊重、对弱势大众要爱护。

3. 人权应该受到尊重，举凡生存、参政、财产、自由、文化、智慧、信仰等，均应受到尊重与保障。

4. 大地众生皆有生存的权利，因为“众生皆有佛性”，一切众生都应享受同等的生存权，因此不但不可任意杀生，继而要放生、护生、惜生，以慈悲心怙护一切众生。

5. 战争是最不文明的行为，一场战争，多少妻离子散、多少生灵涂炭、多少财产损失、多少文化毁灭，所以凡人要养成和平的性格，国家和民族之间生命要同体共存。

6. 重视国际邦交友谊、促进国际经贸往来、举办国际会议交流、尊重国际种族通婚。“天涯若比邻”，这是现代人应有的胸怀。

7. 提倡国际之间语言要沟通、文化要交流、种族要平等、经济要互助、物质要互通。四海之内，如兄如弟，大家要做地球人。

8. 国与国之间要提供移民、开放观光，对于国际人士进出海关受检时，应该给予尊重；旅客也应配合、接受当地的出入境办法规范。

9. 国际间遇有重大灾难，应该本着人道精神，迅速提供救援，彼此相互帮助，要有“人饥己饥，人溺己溺”之共生共荣的关怀。

10. 凡是正信宗教之间，应该互相尊重包容，各自的教主不同，彼此要尊重，不可混淆；教义各有所宗，应该各自发挥，彼此“同中存异、异中求同”；教徒之间则可以彼此沟通往来，增进友谊。

（七）教育律仪十事（学习、服务、技能进修、尊师重道……）

1. 家庭教育：父母对子女要照顾其生活，负起养育之责，同时应该给予善良的教育，包括语言、思想、行为、道德、人格等，都要有所规范，从小要养成良好的习惯。例如，生活作息规律、行为情绪正常、待人谦虚有礼、不看不正当的书刊、不沉迷网络、电视等，进而要经常进出图书馆，多看好书。

2. 学校教育：除了重视知识的传授，广学多闻外，尤应重视人文思想的提升、道德人格的健全，以培养身心均衡发展的下一代。

3. 社会教育：人要学习各种谋生技能，一生至少要拥有三张执照，例如，檀讲师、教师、医生、护士、会计、驾驶、厨师、水电、缝纫、室内设计、农耕、园艺、书画、编辑等。

4. 终身教育：学习是一生的事，所谓"活到老，学到老"，要永续学习。学习最重要的是——学习服务、学习奉献、学习利人、学习尊重异己、学习共生和谐。

5. 生活教育：生活要有规律，不得浪荡嫖赌、不得吸毒烟酒，要注重运动保健，要守时、守信、守道、守法。

6. 知识教育：普通常识，地理历史，都要涉猎，尤其有关人文知识等，要事事关心、处处用心，变化气质、开拓心胸、扩大视野。

7. 思想教育：思想要纯正、见解要正确，学习吃亏忍耐，经常忏悔改过，不断进步新生。

8. 人格教育：以慈悲人格为学习目标，以诸佛菩萨为效法榜样，以戒、定、慧为求道根本，以智、仁、勇为做人方针，心中要建立“圣贤偶像”的观念。

9. 道德教育：凡儒家的四维八德，道家的清净无为，佛教的五戒十善、四无量心、六波罗蜜等，都应该学习、实践。

10. 全人教育：要能自觉、要能明理、要有自动自发的自我学习精神、要自我突破、要能如禅师们不断“提起疑情”“参究话头”，更要明白自己何去何从。

（八）信仰律仪十事

1. 僧信之间不应金钱往来、不可互相借贷，以免纠葛不清，破坏道谊。

2. 信众与僧众往来，应建立正确知见，如僧事僧决、不任意留宿溜单僧侣，以免破和合僧，违犯“五逆”之罪。如果护持违反清规、背叛师门之僧侣，亦视同犯戒。

3. 佛光会成员遇有纠纷，应依国际佛光会所定之“七灭诤法”处理之。

4. 每日早晚定课，自我精进；每周放香一日，或闭关半日，自我修持。

5. 每日诵读一篇《佛光祈愿文》，自我发愿；每日皈依“三宝”，自我提升。

6. 正信因果业报，正见无常苦空，明白缘起真理，奉行八种正道。

7. 人间佛教生活佛法化，生活中要有信仰，举凡婚丧喜庆、房子乔迁等，应以佛教仪式行之，不铺张浪费、不迷信执着看风水、时辰，应知只要心好，则日日是好日，处处是好地。

8. 人生应该及早规划修道生活，如参加三皈五戒、八关斋戒、短期出家、游学参访等，或投入义工服务的行列。

9. 聚会应酬时，应表明自己是佛教徒，不劝酒、不酗酒，不便时，至少也应做到以茶代酒（不醉酒为原则）。

10. 布施时，应该量力随喜，要做到不自恼、不自苦、不懊悔的布施，并且应该选择从事教育、文化、慈善、修持等对举世有贡献的正信道场，作为种植福田的准则。

二、僧众应行（二十条）

1. 奉行“四根本戒”：不杀生而护生、不偷盗而布施、不淫欲而尊重、不妄语而诚实，应以“饶益有情”作为终生奉行之规范。

2. 不可寄佛偷生，要发心普度众生；俗情宜平淡，应将身心安住在慈悲、菩提、自在解脱之上。

3. 要坚定“四不坏信”，不信邪教、不看邪书、不和邪人来往、不参与邪事活动。

4. 要做一个有道气的出家人，例如，去傲慢、受委屈；勤作务、惜福报；有悲愿、爱佛教；要净信、真修行；改习气、养威仪；除嫉妒、宽心量；避讥嫌、远世俗；勤学习、为度众；应节俭、要知足；有自制、不放逸；不争论、无怨恨；淡亲情、求内证。

5. 求道要有“十无思想”：无财之富、无求之有、无缘之慈、无欲之乐、无住之家、无安之处、无人之众、无悔之心、无聪之慧、无功之事。

6. 不私交信者，平等慈视众生；不私自向信徒化缘，不做个人请托。乃至不私蓄金钱、不私建道场、不私置产业、不私收徒众、不私造饮食、不共财往来、不夜宿俗家、不违期剃染、不染污僧伦等。

7. 遵守佛光人的行事规范：集体创作，制度领导；非佛不作，唯法所依。不可发展个人，要有佛光人人间佛教的精神：光荣归于佛陀、成就归于大众、利益归于常住、功德归于檀那。

8. 要用平常心接受调职、评鉴、奖惩、考核，并且时时奉行佛教第一、自己第二；常住第一、自己第二；大众第一、自己第二；信施第一、自己第二。

9. 对人要慈悲，要给人信心、给人欢喜、给人希望，给人服务，但不可过于情绪护短，私交关怀。

10. 不可滥用义工，不可随意支使信徒；对义工要尊重、教育、提升，并给予未来发展的机会。

11. 性格要和悦，不可以离开大众、不可以独来独往、不可以攀附权贵、不可以一对一进出，或只与少数一二人来往。僧团即团体生活，僧众至少要三人以上，彼此和合无诤，才是僧伽之意。

12. 有意攻读世俗学位者，可以申请，但必须经过常住有关单

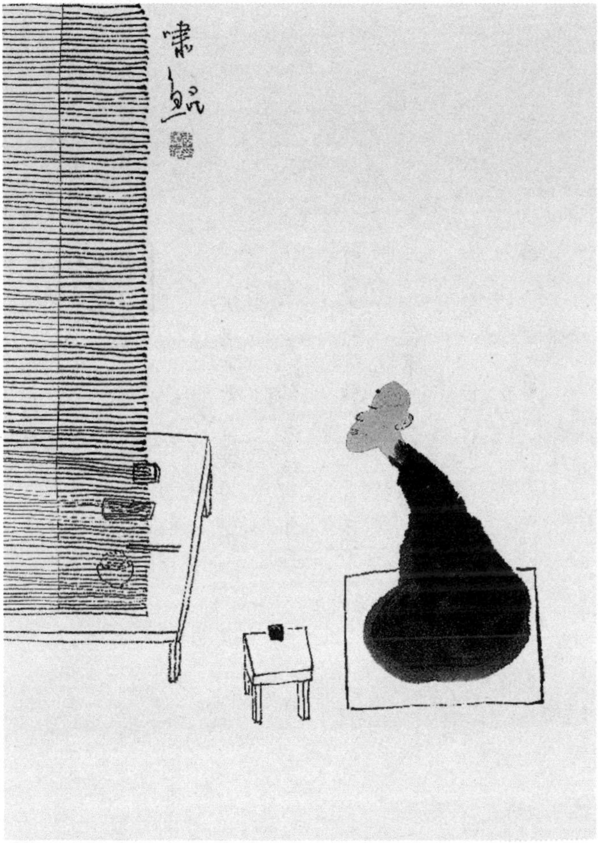

李萧锟　绘

星云语录

要用平常心接受调职、评鉴、奖惩、考核，并且时时奉行佛教第一、自己第二；常住第一、自己第二；大众第一、自己第二；信施第一、自己第二。

位评鉴，不得假借读书之名，失去僧伽人格。

13. 不以经忏为满足，弘法宜以教师、护士、幼教、音乐师、美术师、语文师、文教、行政、讲说、编辑、写作、慈善、禅修、净念等方便教化为方向。

14. 行事要谦虚、低调，不以“我是师父”自居、自傲，不责骂信徒，不怨怪前辈，不因信徒崇拜、尊重、供养而自我膨胀，失去立场。

15. 心量要宽大、人格要崇高、知识要丰富、道心要坚定，要把狭隘的感情扩大、超越、升华为爱读书、爱服务、爱修行、爱大众、爱常住、爱佛教、爱弘法。

16. 要有修道人的气度与涵养，不可说话粗鲁、尖锐，不可行事急躁、傲慢，坏人信心。少说无益的话，多提起正念，同道或僧信之间，不谈说或抱怨僧团之事。

17. 行事、处世不以一己之爱好喜恶为标准，不可陷常住于不义，要有与佛教、与常住同体的观念。

18. 宁可苦恼、惭愧、庸碌，但不可耍小聪明、自以为是、抬高自我、伤害常住、亵渎圣教。

19. 要勤劳于各种作务，锻炼坚强的意志；要有“弘法为家务，利生为事业”的发心，不以闲暇为满足。

20. 不与被常住革除僧籍的叛道者来往，否则于己于彼，皆为不利。

【密行百事】

一、“做人密行”二十五事

1. 忍一句、耐一时、退一步、饶一着，是为做人的密行。

2. 你大我小、你有我无、你对我错、你好我坏，是为做人的密行。

3. 每日小额布施，持之以恒，回馈社会，是为做人的密行。

4. 功成不居，光荣成就归于大众，是为做人的密行。

5. 随喜随缘，帮助他人，是为做人的密行。

6. 口说赞美，给人信心、欢喜，是为做人的密行。

7. 对国家，做不请之友，是为做人的密行。

8. 对朋友，应不念旧恶，是为做人的密行。

9. 对自己，要不忘初心，是为做人的密行。

10. 对社会，能不变随缘，是为做人的密行。

11. 不比较、不计较，是为做人的密行。

12. 见人要微笑、处事有礼貌，是为做人的密行。

13. 吃亏不要紧、待人要厚道，是为做人的密行。

14. 遭恶骂时默而不报、遇打击时心能平静，是为做人的密行。

15. 受嫉恨时以慈对待，有毁谤时感念其德，是为做人的密行。

16. 不为讨便宜而侵犯别人，是为做人的密行。

17. 不为逞己快而讽刺别人，是为做人的密行。

18. 不为忌彼好而打击别人，是为做人的密行。

19. 以责人之心责己、以恕己之心恕人，是为做人的密行。

20. 广结善缘、从善如流，是为做人的密行。

21. 不为护私欲而伤害别人，是为做人的密行。

22. 放下执着、谦虚受教，是为做人的密行。

23. 诚信待人、不求回报，是为做人的密行。

24. 关怀邻里、参与义工，是为做人的密行。

25. 受人之托、忠人之事，是为做人的密行。

二、“生活密行”二十五事

1. 吃饭三称念、五观想，是为生活的密行。

2. 起居作息，生活规律，是为生活的密行。

3. 爱护花草树木，为其浇水修剪，是为生活的密行。

4. 动作轻声，不扰人安宁，是为生活的密行。

5. 行立坐卧，威仪端正，是为生活的密行。

6. 远离烟酒色情，生活自治自律，是为生活的密行。

7. 行车礼让，关心行人安全，是为生活的密行。

8. 每月至少闭关一日，修持佛法，是为生活的密行。

9. 每日做一件令人感动的事，是为生活的密行。

10. 每日帮人做一些好事，不求回报，是为生活的密行。

11. 睡前诵念忏悔文，反省一日过失，是为生活的密行。

12. 每星期至少参与大众共修一炷香，是为生活的密行。

13. 学习接受，凡事忍耐，是为生活的密行。

14. 每日将欢喜慈悲与人分享，是为生活的密行。

15. 惜福节俭，不乱买、不滥买，是为生活的密行。

16. 多一次素食，就多一次生活的密行。

17. 欢喜时不多言、生气时不迁怒，是为生活的密行。

18. 每星期至少一小时为小区服务，是为生活的密行。

19. 依戒生活，密护根门，是为生活的密行。

20. 饮食节量，知足淡泊，是为生活的密行。

21. 身体病痛不怨天尤人，是为生活的密行。

22. 改心、换性、回头、转身，是为生活的密行。

23. 欲望、情爱、工作，只要正正当当，是为生活的密行。

24. 不传播是非、不将忧苦带给别人，是为生活的密行。

25. 随遇而安、随缘生活、随心自在、随喜而作，是为生活的密行。

三、“处世密行”二十五事

1. 和合他人、和谐大众，是为处世的密行。

李萧锟　绘

星云语录

不为护私欲而伤害别人；诚信待人、不求回报；欢喜时不多言、生气时不迁怒；不猜疑人、不嫉妒人。

2. 体贴他人、人我圆融，是为处世的密行。

3. 恒顺他人、重视民意，是为处世的密行。

4. 迁就他人善事，达成共识，是为处世的密行。

5. 提拔年轻初学，给予教导，是为处世的密行。

6. 遇到明师要亲近随侍，不可违逆，是为处世的密行。

7. 遇到贤人要虚心学习，是为处世的密行。

8. 侍奉父母亲翁，要承顺孝养，是为处世的密行。

9. 对待主管要忠贞不贰，是为处世的密行。

10. 见人危急，要勇于搭救，是为处世的密行。

11. 随力、随分、随喜、随缘布施培福，是为处世的密行。

12. 明因识果，是为处世的密行。

13. 用理智净化感情、用慈悲升华感情，是为处世的密行。

14. 用理法规范感情、用道德引导感情，是为处世的密行。

15. 摄心正念，是为处世的密行。

16. 不隐藏、不申辩自己的过失，是为处世的密行。

17. 不理是非、不听是非，是为处世的密行。

18. 谨言慎行，是为处世的密行。

19. 防非止恶，是为处世的密行。

20. 见面三句话、相逢应问好，是为处世的密行。

21. 交谈要微笑、口角一回合，是为处世的密行。

22. 自己无理，别人都对，是为处世的密行。

23. 器官捐赠，遗爱人间，是为处世的密行。

24. 不猜疑人、不嫉妒人，是为处世的密行。

25. 惭愧有所不知、不能、不净、不善，是为处世的密行。

四、“修行密行”二十五事

1. 早上静坐一炷香，让思虑清明，是为修行的密行。

2. 每日读藏经一卷，增加闻思慧，是为修行的密行。

3. 每日清晨诵念祈愿文，增加慈悲心，是为修行的密行。

4. 不论身在何处，常为受灾难的人祈福，是为修行的密行。

5. 于诸佛法，勤修不退，是为修行的密行。

6. 于诸戒律，决定不犯，是为修行的密行。

7. 心无乱想，正慧明了，是为修行的密行。

8. 身无邪行，口无恶说，是为修行的密行。

9. 知足淡泊，志乐寂静，是为修行的密行。

10. 不爱喧哗，简朴惜福，是为修行的密行。

11. 一切无求，矢志精进，是为修行的密行。

12. 专心定慧，心不谄曲，是为修行的密行。

13. 不称己善，不宣人过，是为修行的密行。

14. 谦虚受学，恒行直心，是为修行的密行。

15. 他物不贪，自财不吝，是为修行的密行。

16. 慈悲喜舍，与人为善，是为修行的密行。

17. 深信正法，恒思诸善，是为修行的密行。

18. 不生骄慢，谦恭有礼，是为修行的密行。

19. 怨亲平等，不生憎爱，是为修行的密行。

20. 敬爱含识，如己无异，是为修行的密行。

21. 明理客观，不执己见，是为修行的密行。

22. 常怀慈悯，随缘不变，是为修行的密行。

23. 禅观行道，不着空有，是为修行的密行。

24. 自心是佛，直下承担，是为修行的密行。

25. 发菩提心，行菩萨道，是为修行的密行。

“密行百事”是记录善恶功过的对照表，是端正言行的一面明镜，是洗涤业障烦恼的法水，是治疗身心病痛的良药，是指点光明前途的老师。密行是三轮体空的无相布施，是人间佛教行者应该持守的生活律仪，懂得实践密行，生活就能得到净化、升华。